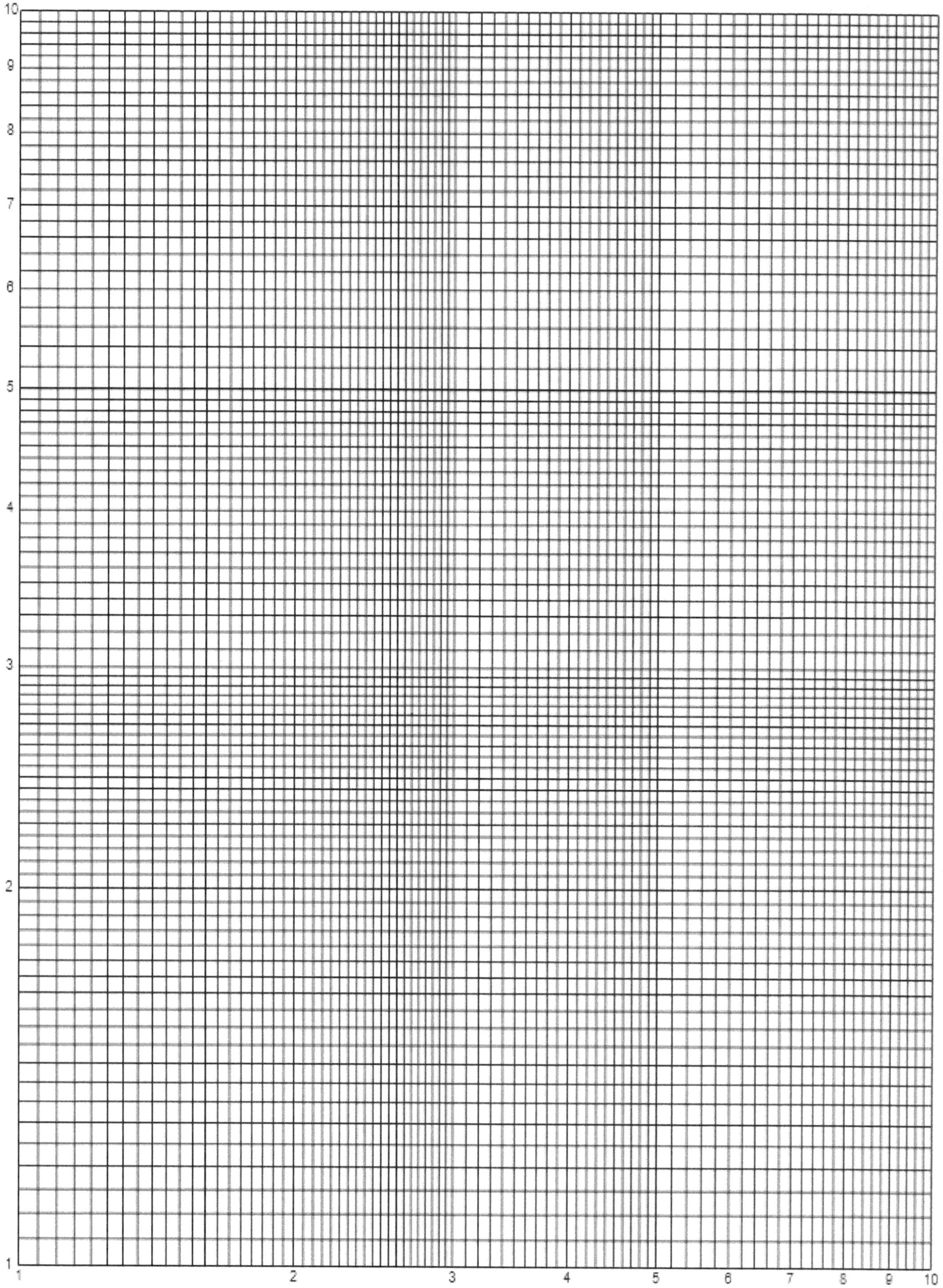
10
9
8
7
6
5
4
3
2
1
1
2
3
4
5
6
7
8
9
10

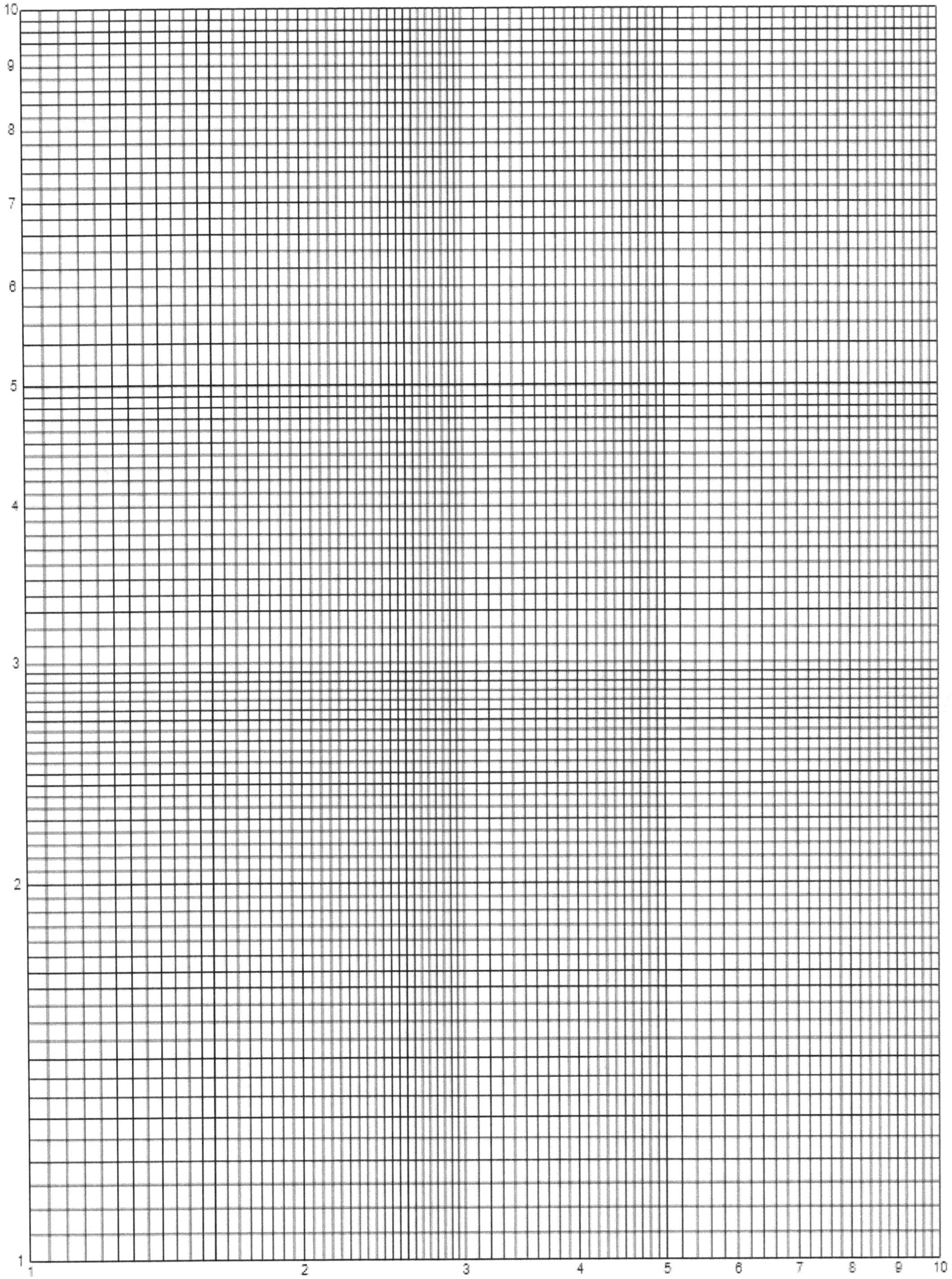
10
9
8
7
6
5
4
3
2
1
1
2
3
4
5
6
7
8
9
10

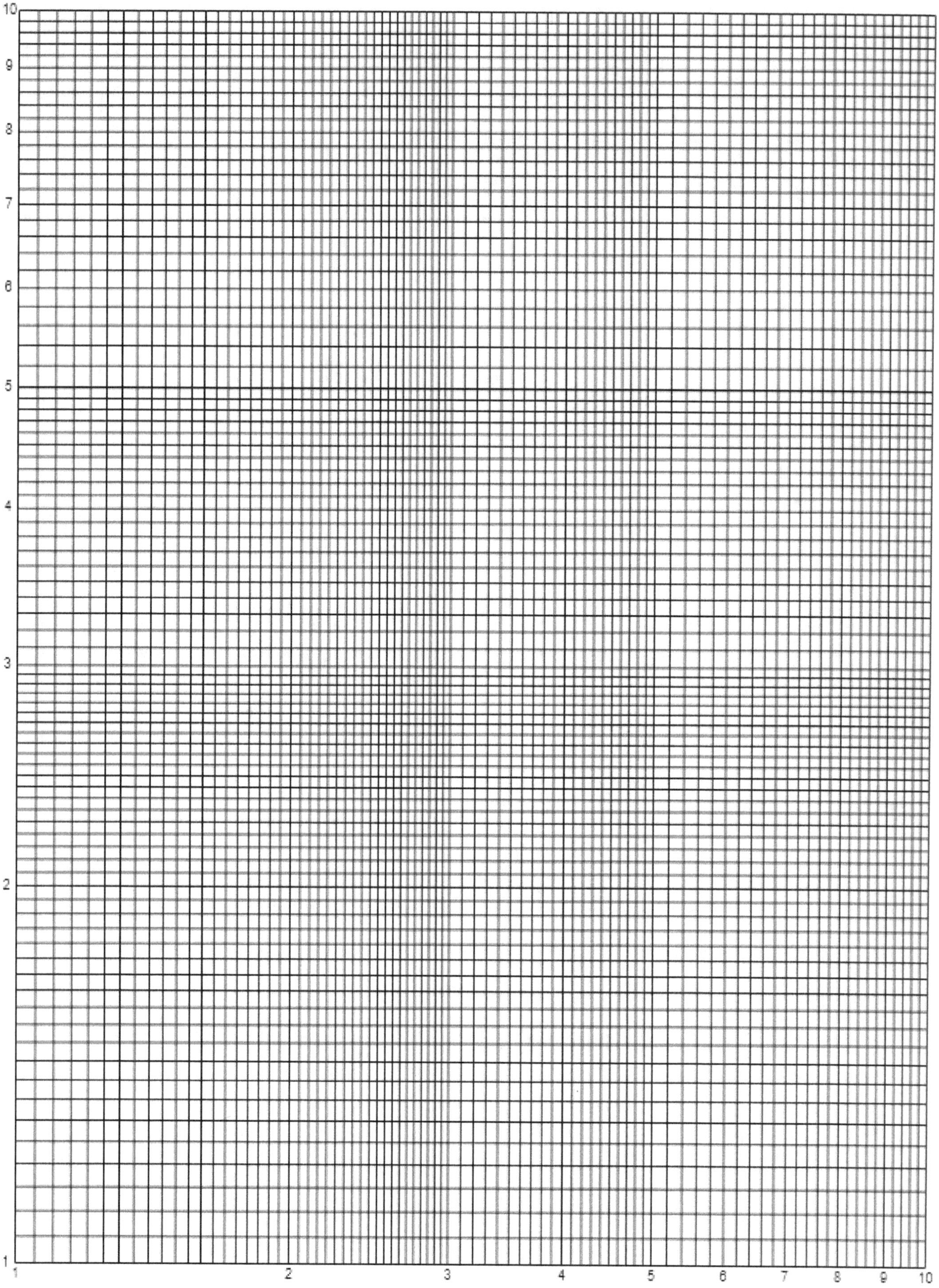
10
9
8
7
6
5
4
3
2
1
1
2
3
4
5
6
7
8
9
10

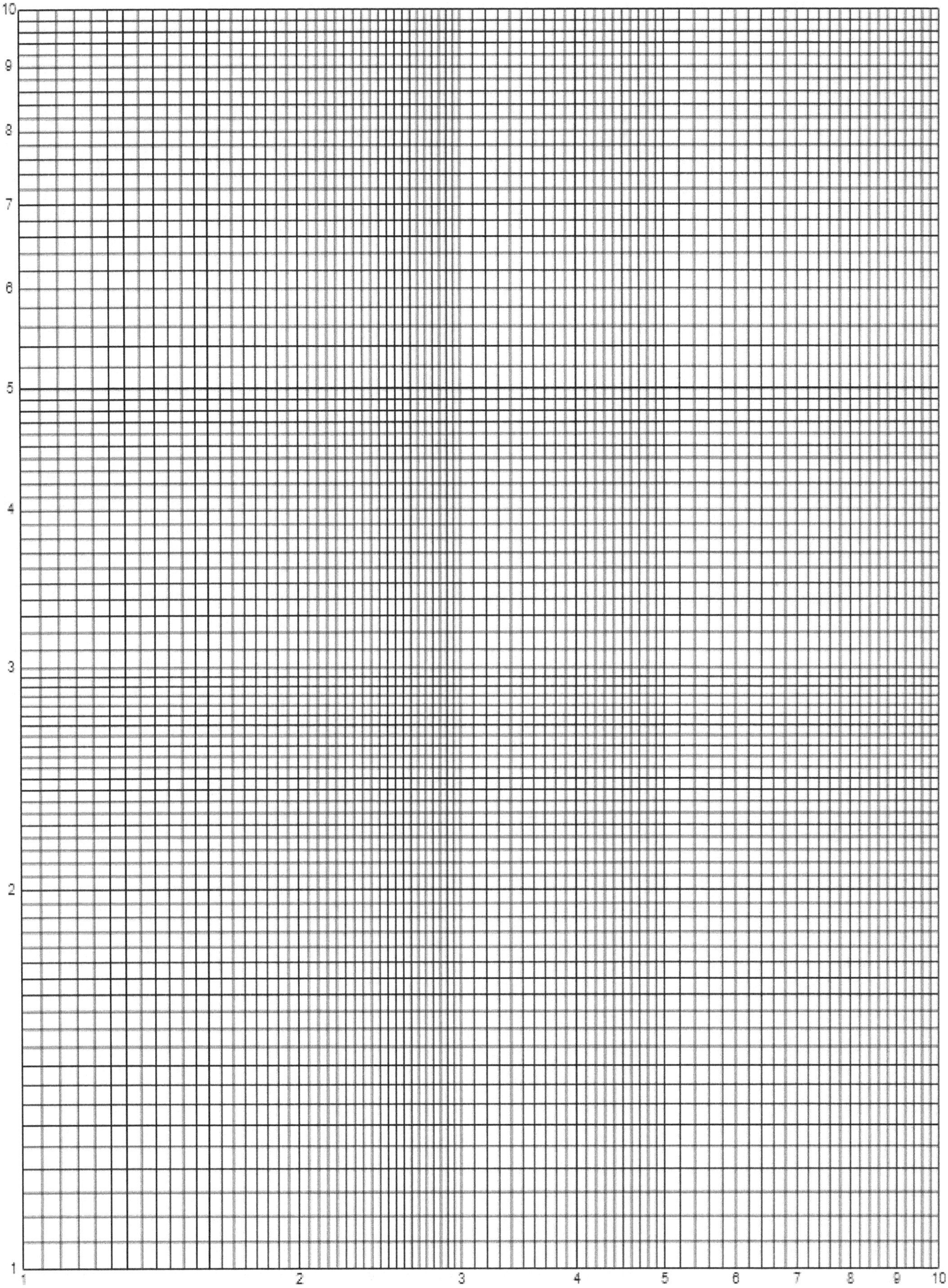
10
9
8
7
6
5
4
3
2
1
1
2
3
4
5
6
7
8
9
10

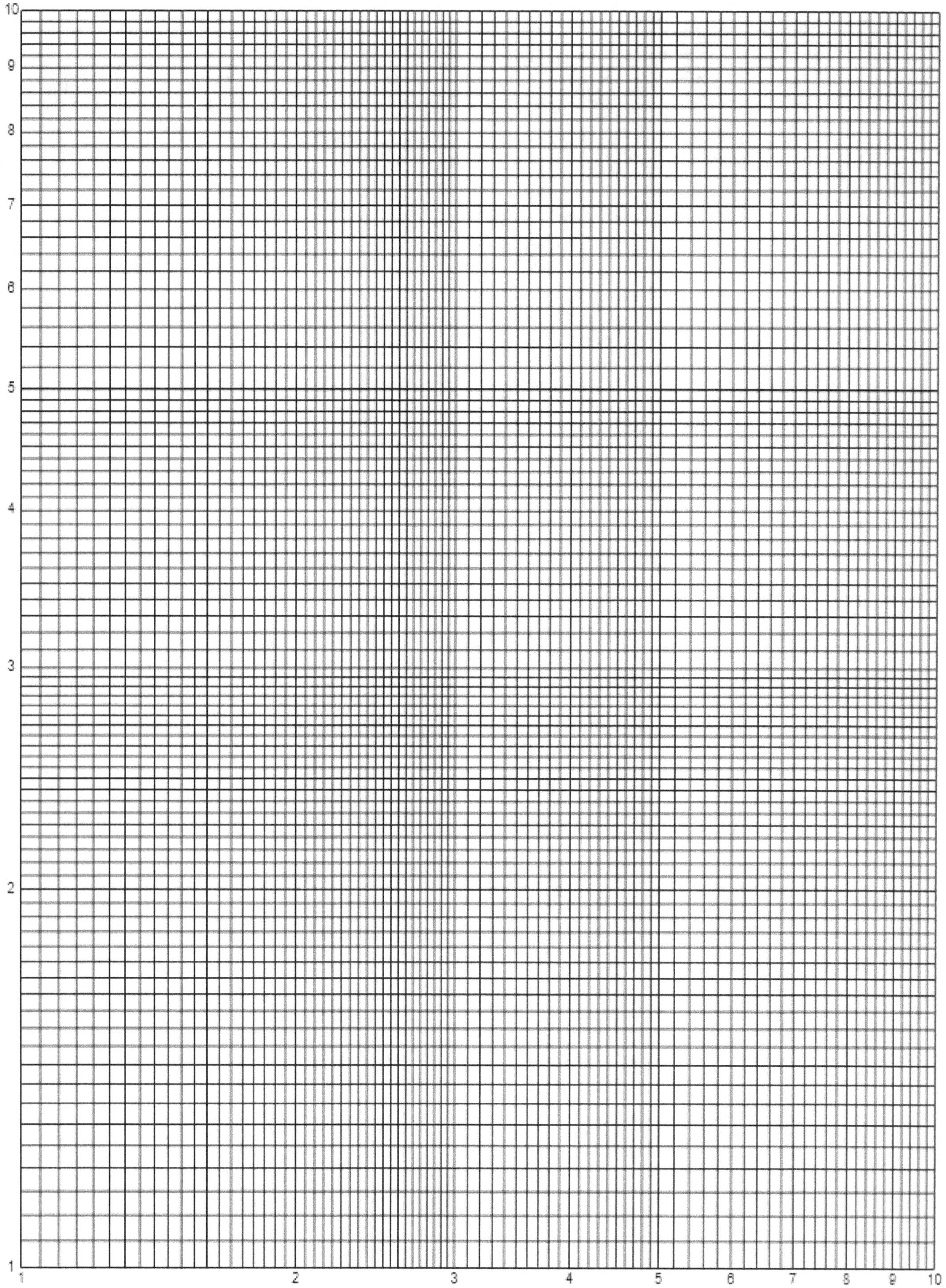
10
9
8
7
6
5
4
3
2
1
1
2
3
4
5
6
7
8
9
10

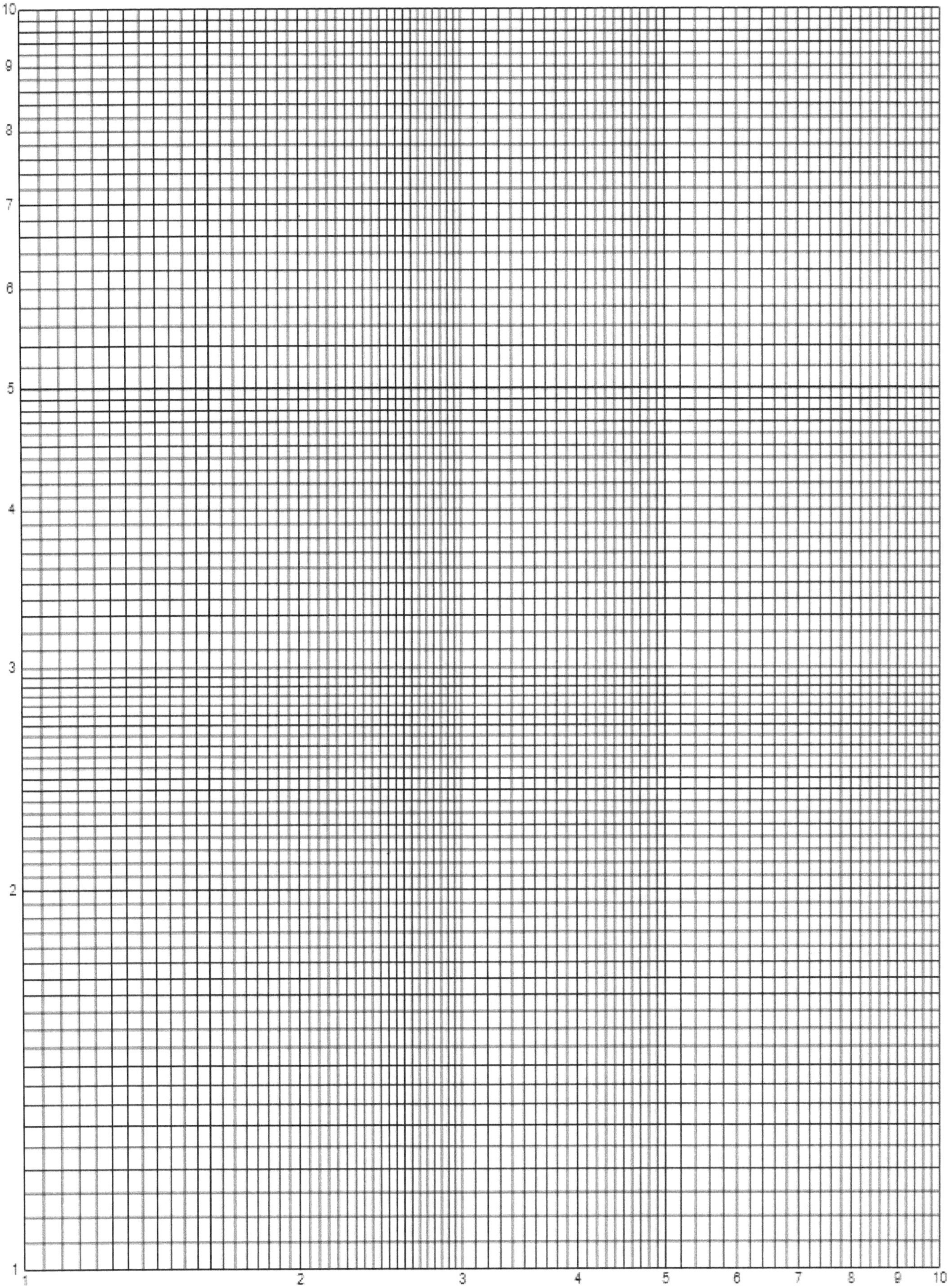
10
9
8
7
6
5
4
3
2
1
1
2
3
4
5
6
7
8
9
10

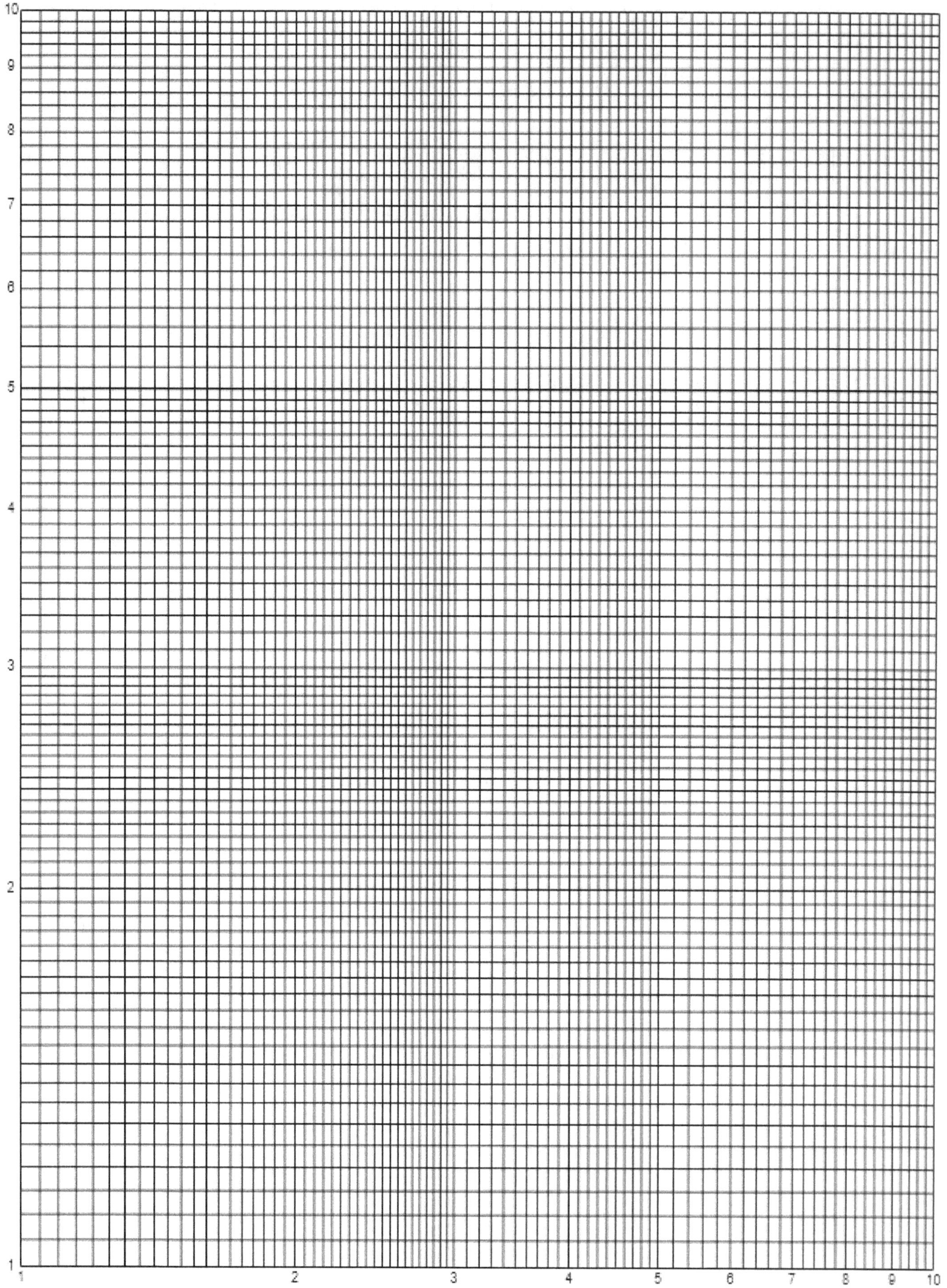
10
9
8
7
6
5
4
3
2
1
1
2
3
4
5
6
7
8
9
10

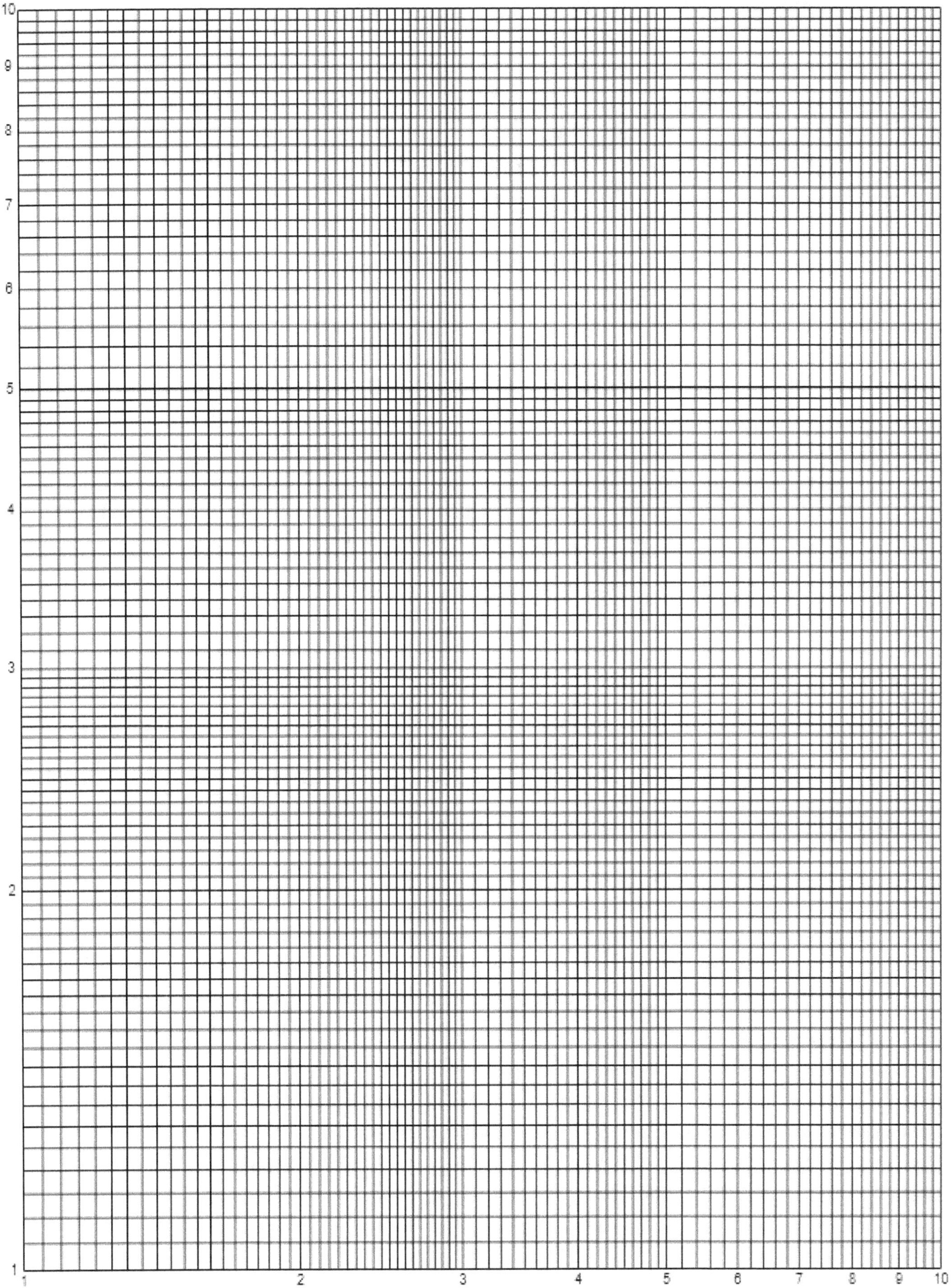
10
9
8
7
6
5
4
3
2
1
1
2
3
4
5
6
7
8
9
10

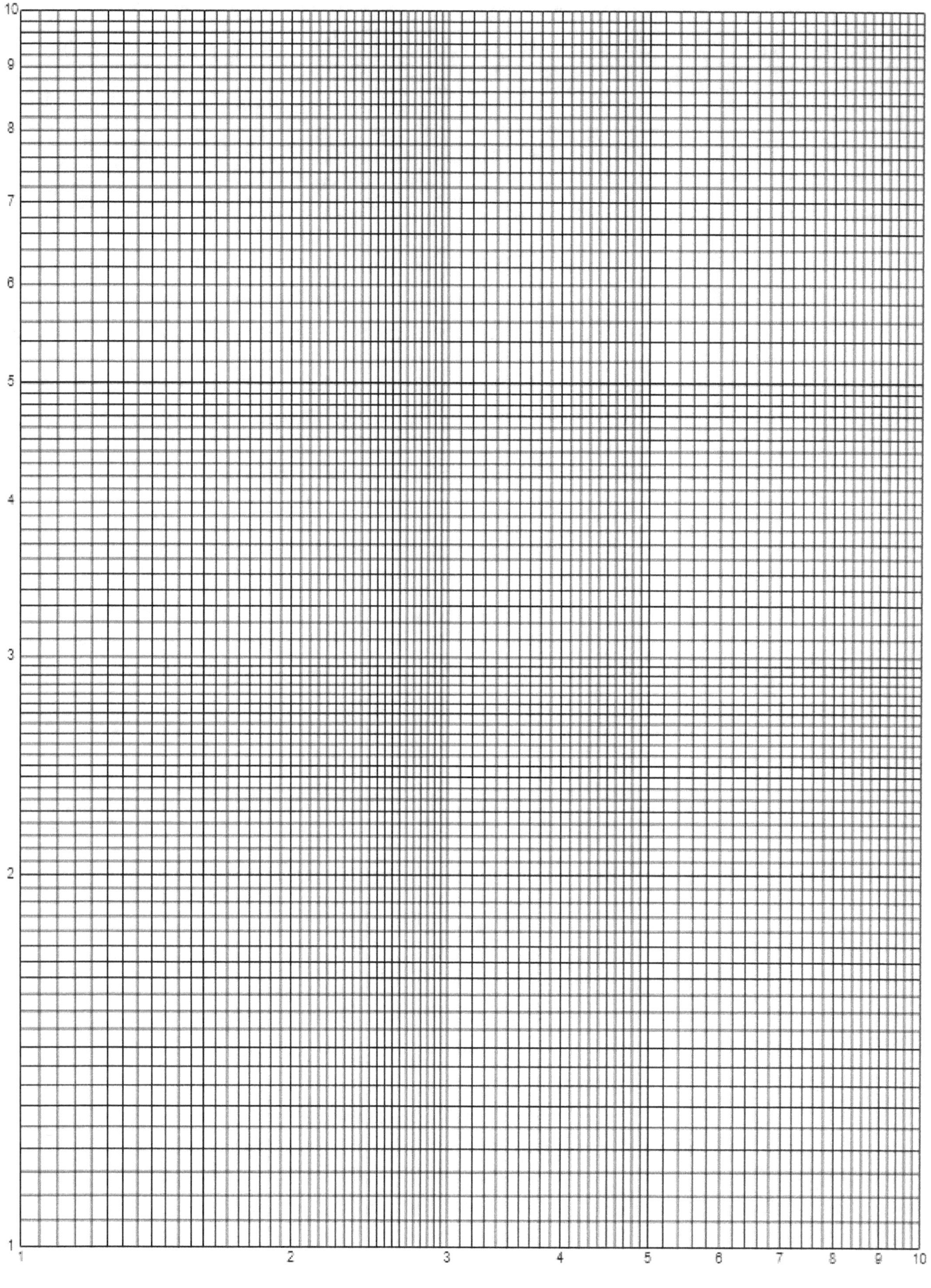
10
9
8
7
6
5
4
3
2
1
1
2
3
4
5
6
7
8
9
10

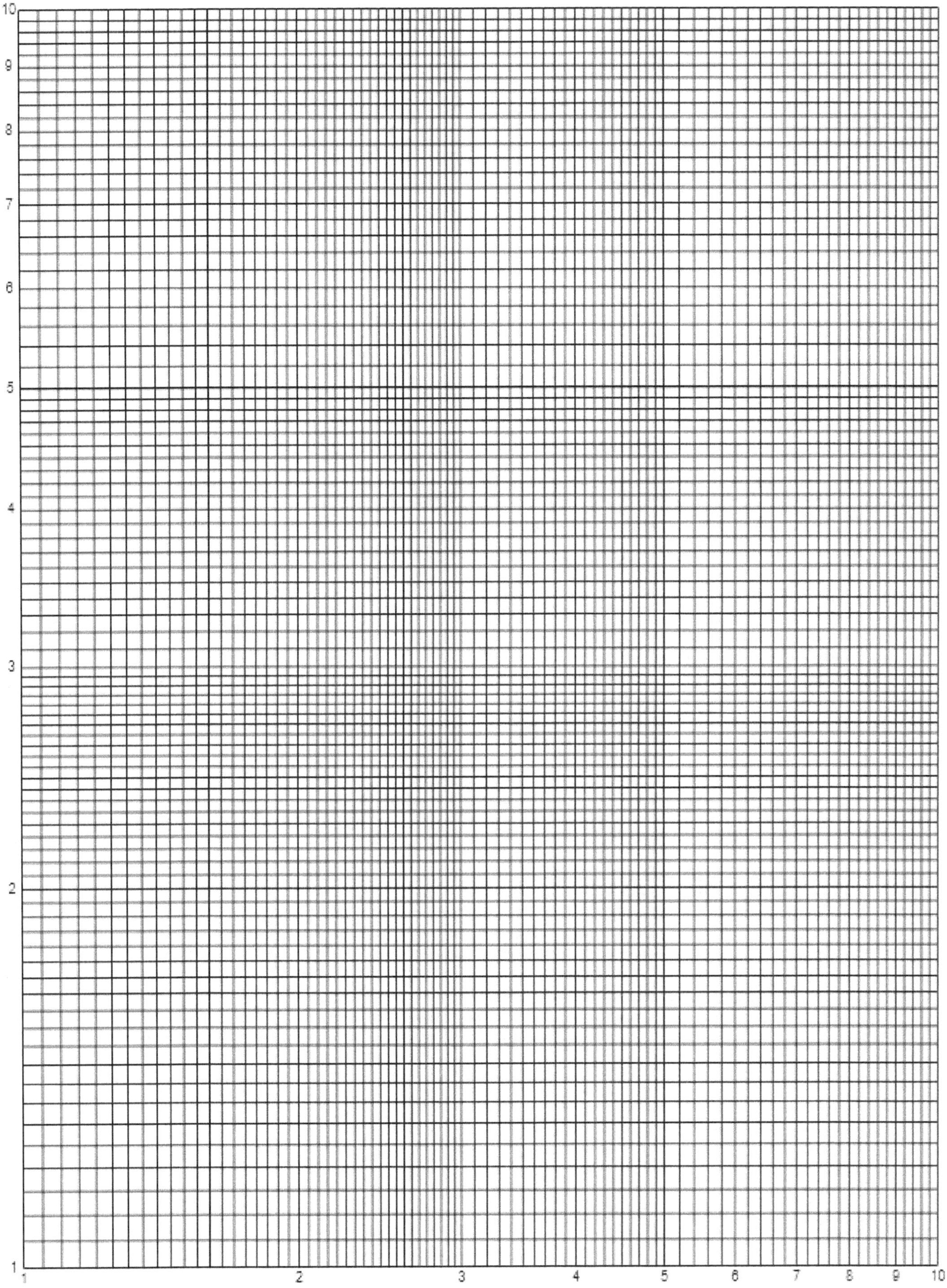
10
9
8
7
6
5
4
3
2
1
1
2
3
4
5
6
7
8
9
10

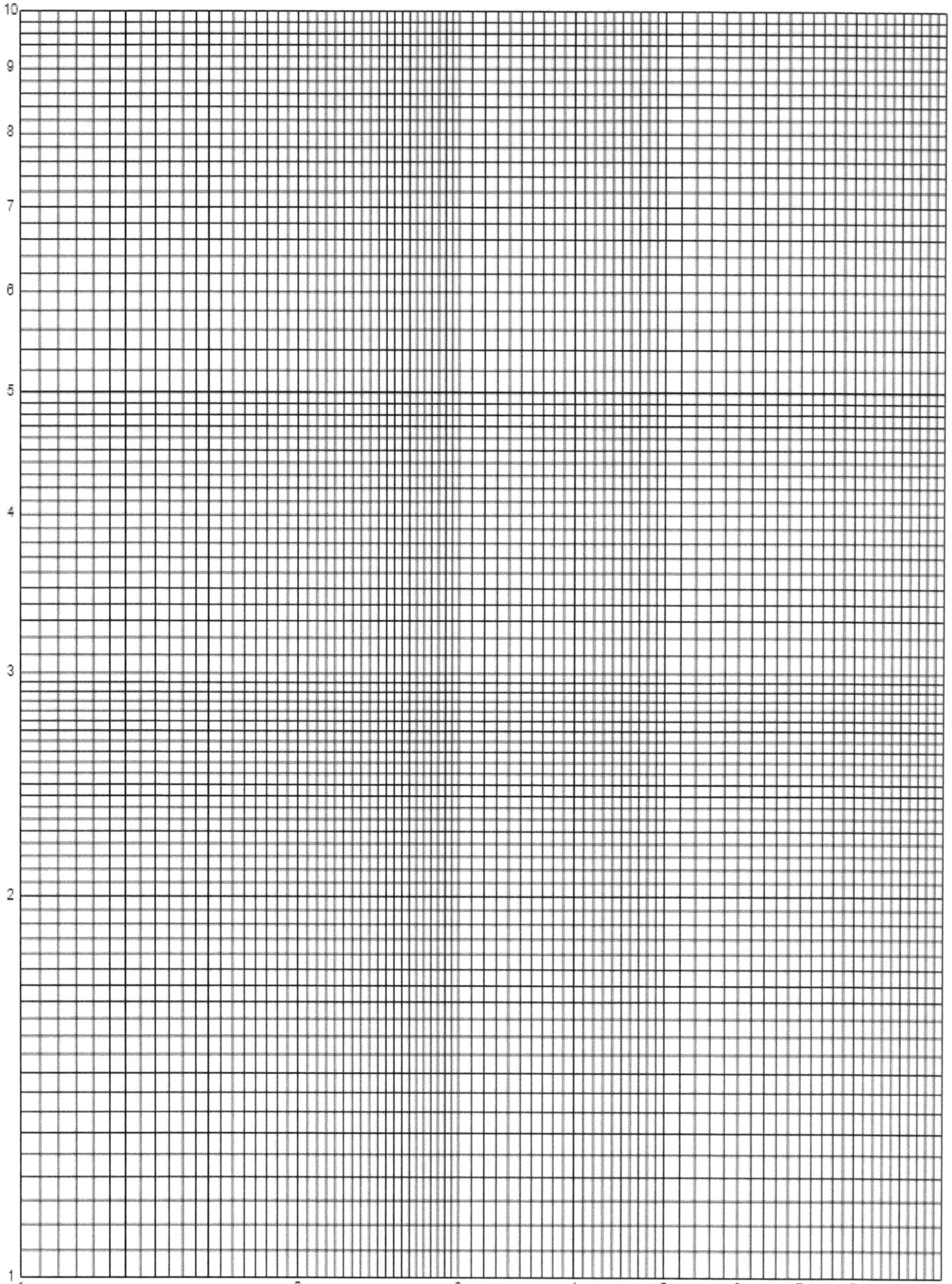
10
9
8
7
6
5
4
3
2
1
1
2
3
4
5
6
7
8
9
10

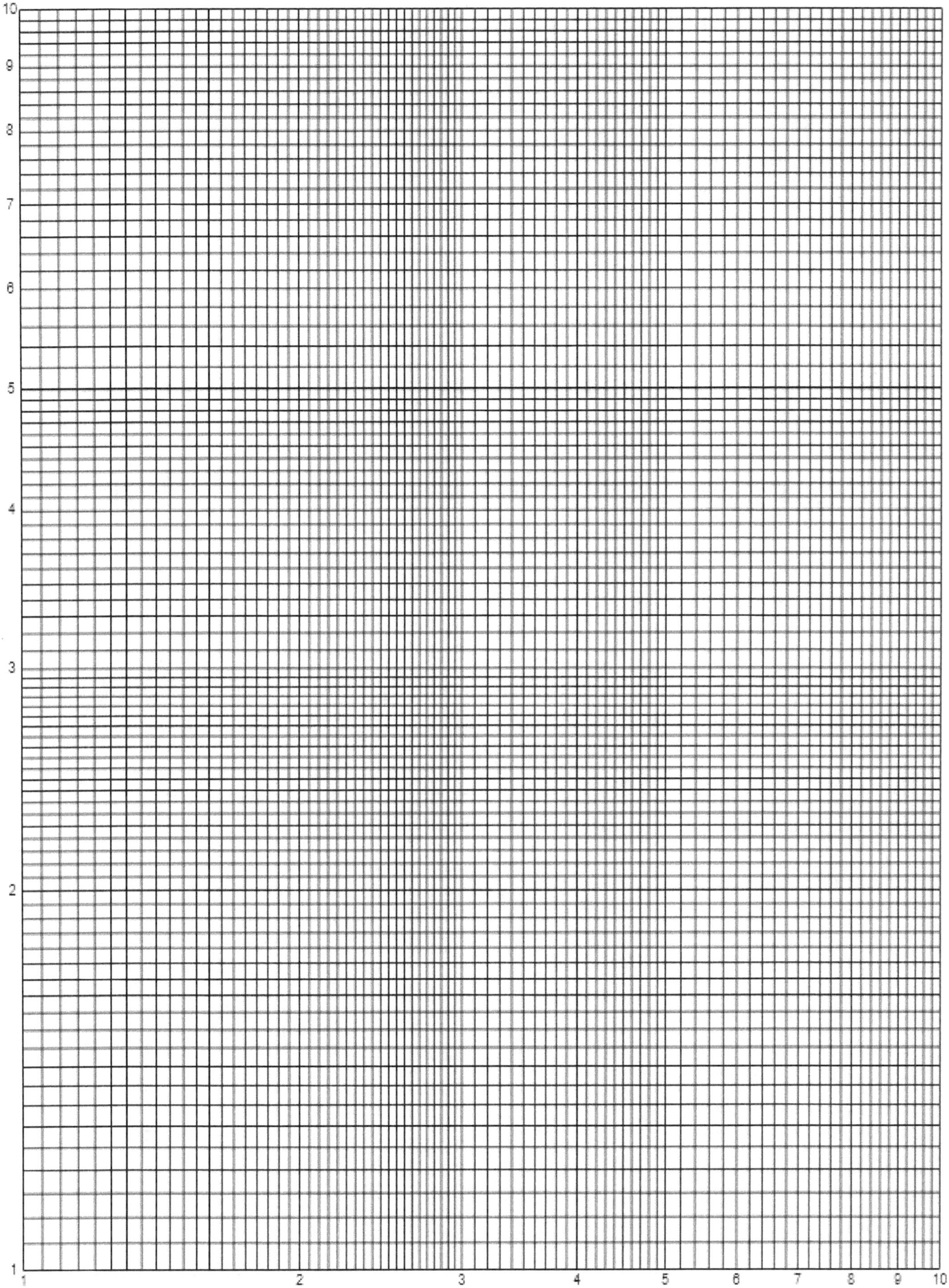
10
9
8
7
6
5
4
3
2
1
1
2
3
4
5
6
7
8
9
10

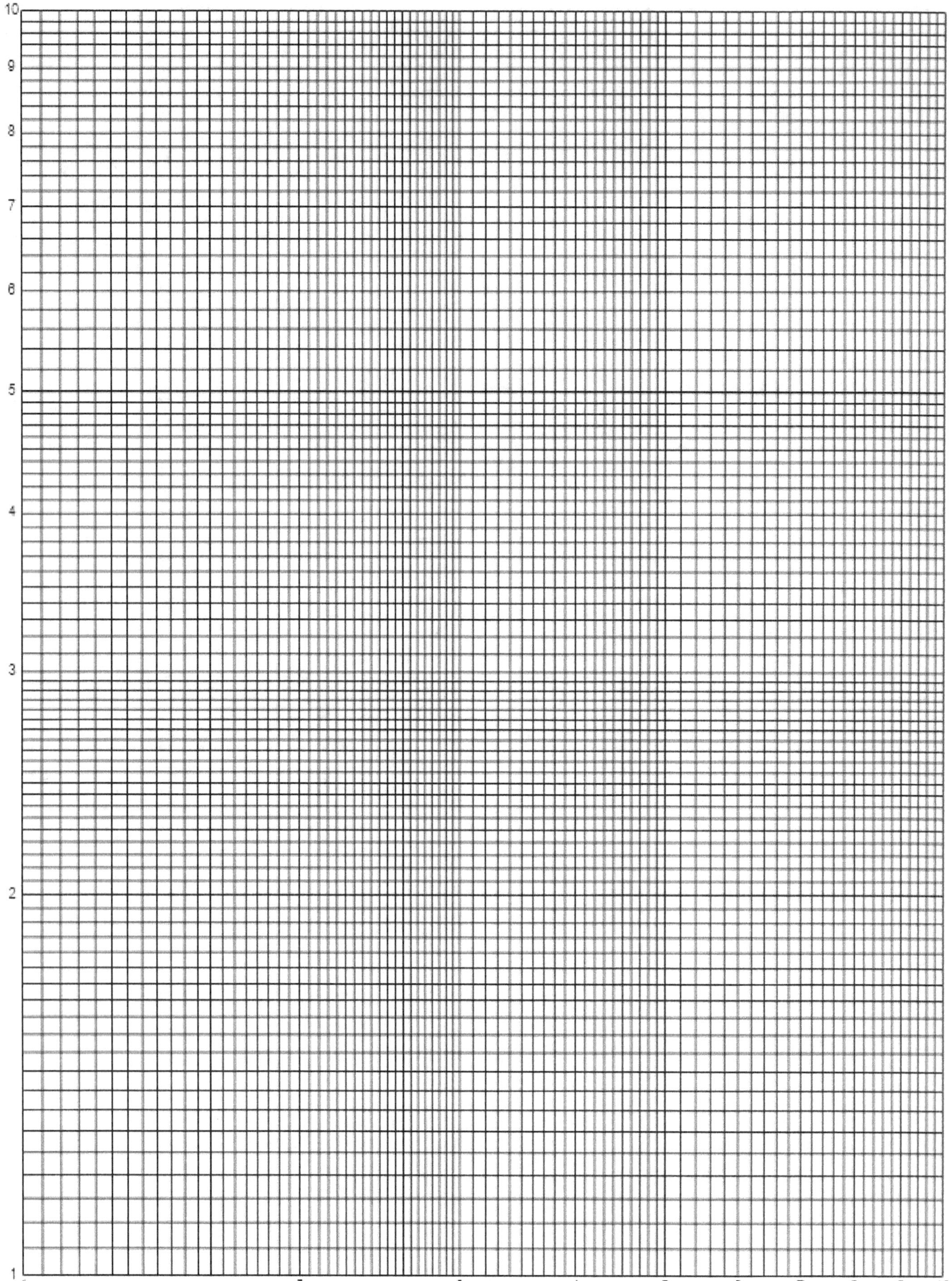
10
9
8
7
6
5
4
3
2
1
1
2
3
4
5
6
7
8
9
10

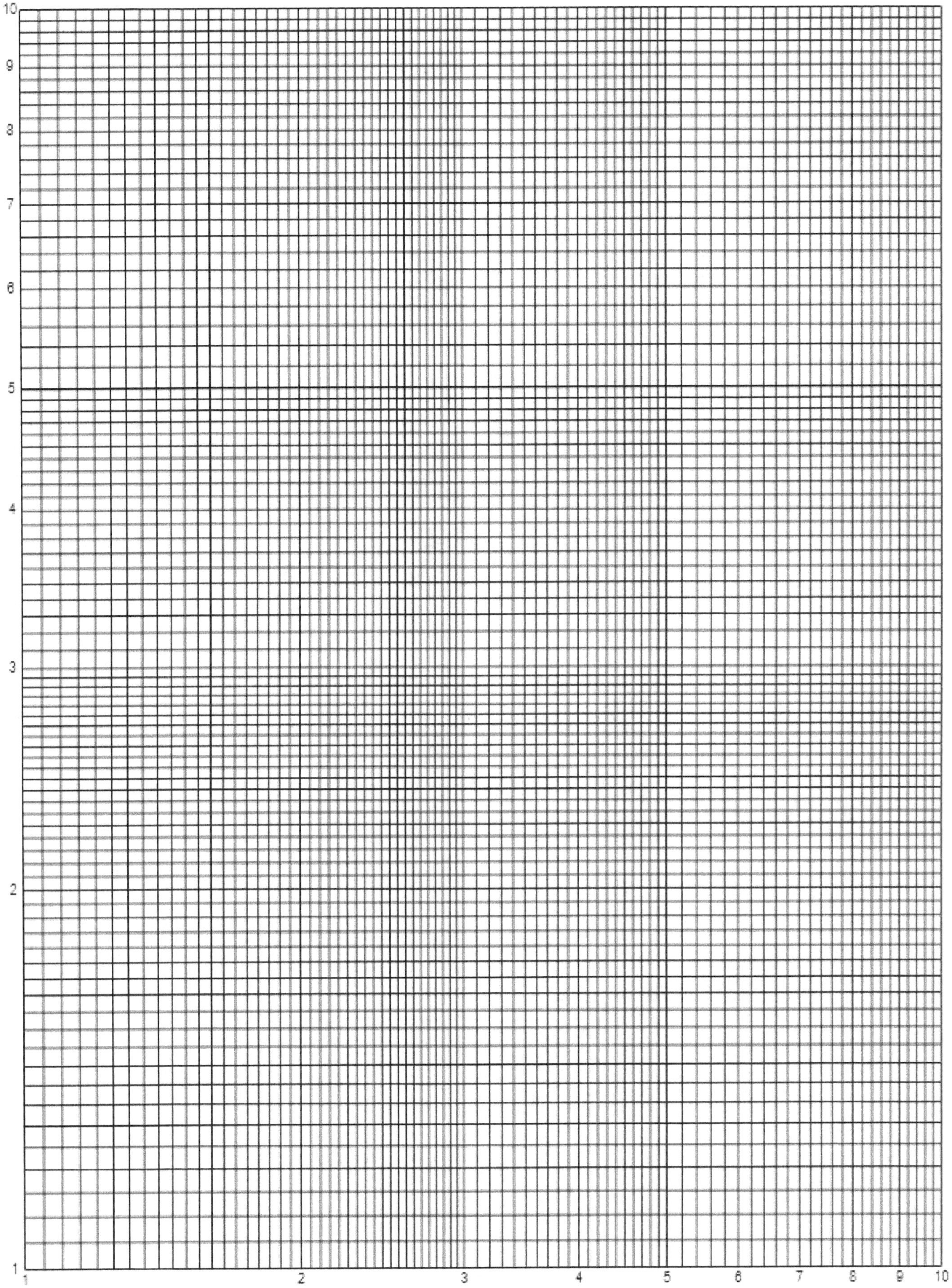
10
9
8
7
6
5
4
3
2
1
1
2
3
4
5
6
7
8
9
10

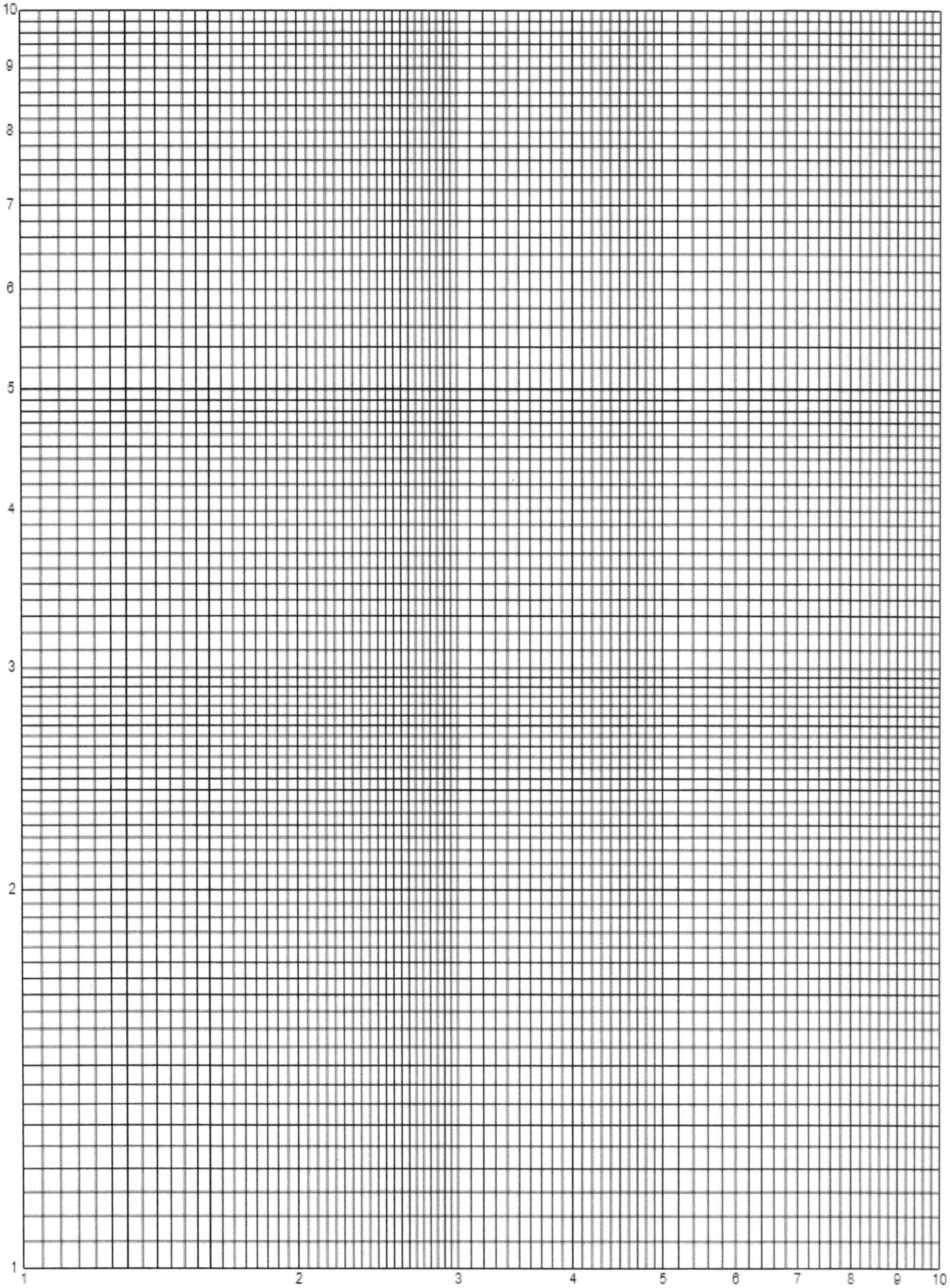
10
9
8
7
6
5
4
3
2
1
1
2
3
4
5
6
7
8
9
10

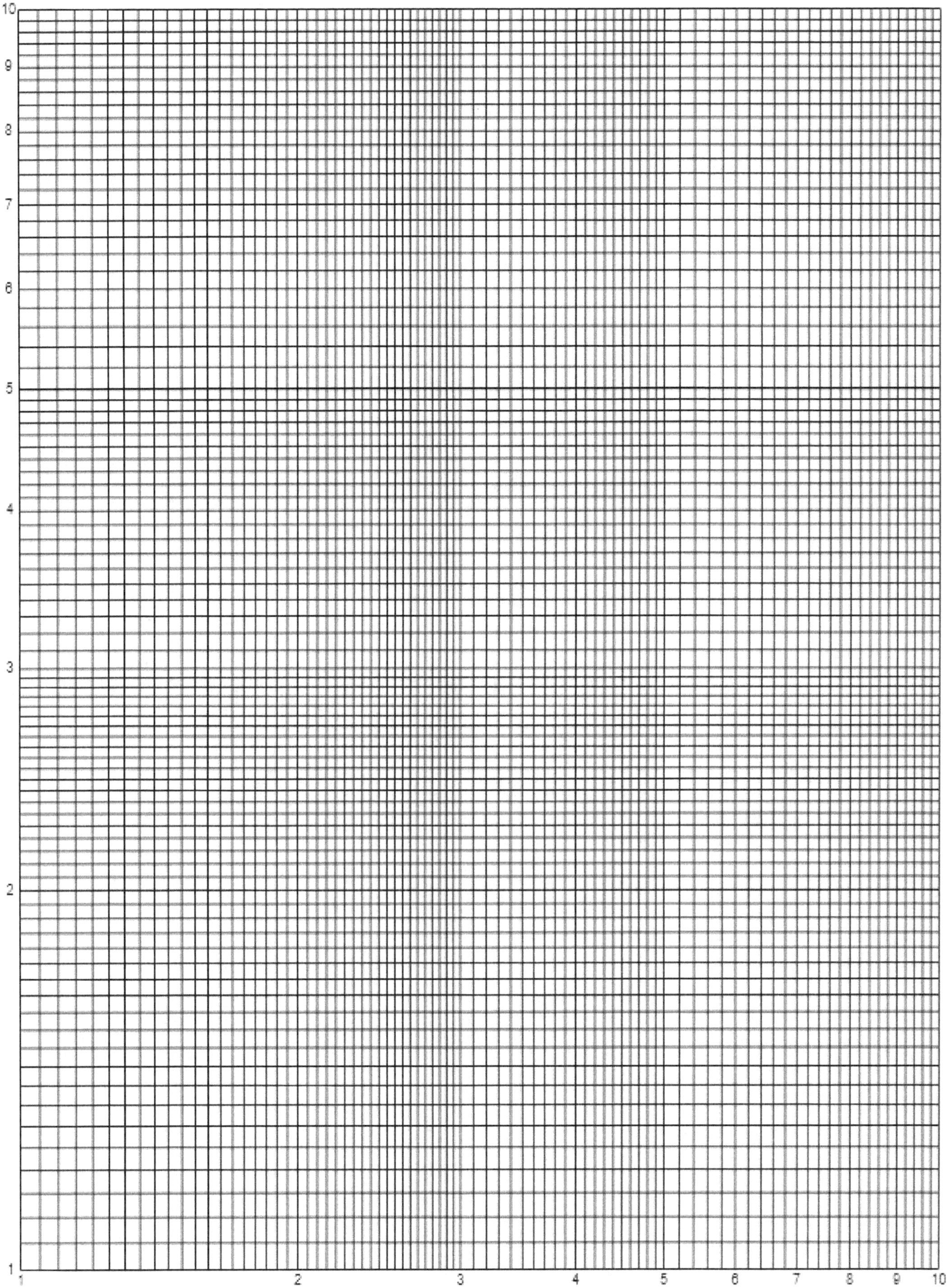
10
9
8
7
6
5
4
3
2
1
1
2
3
4
5
6
7
8
9
10

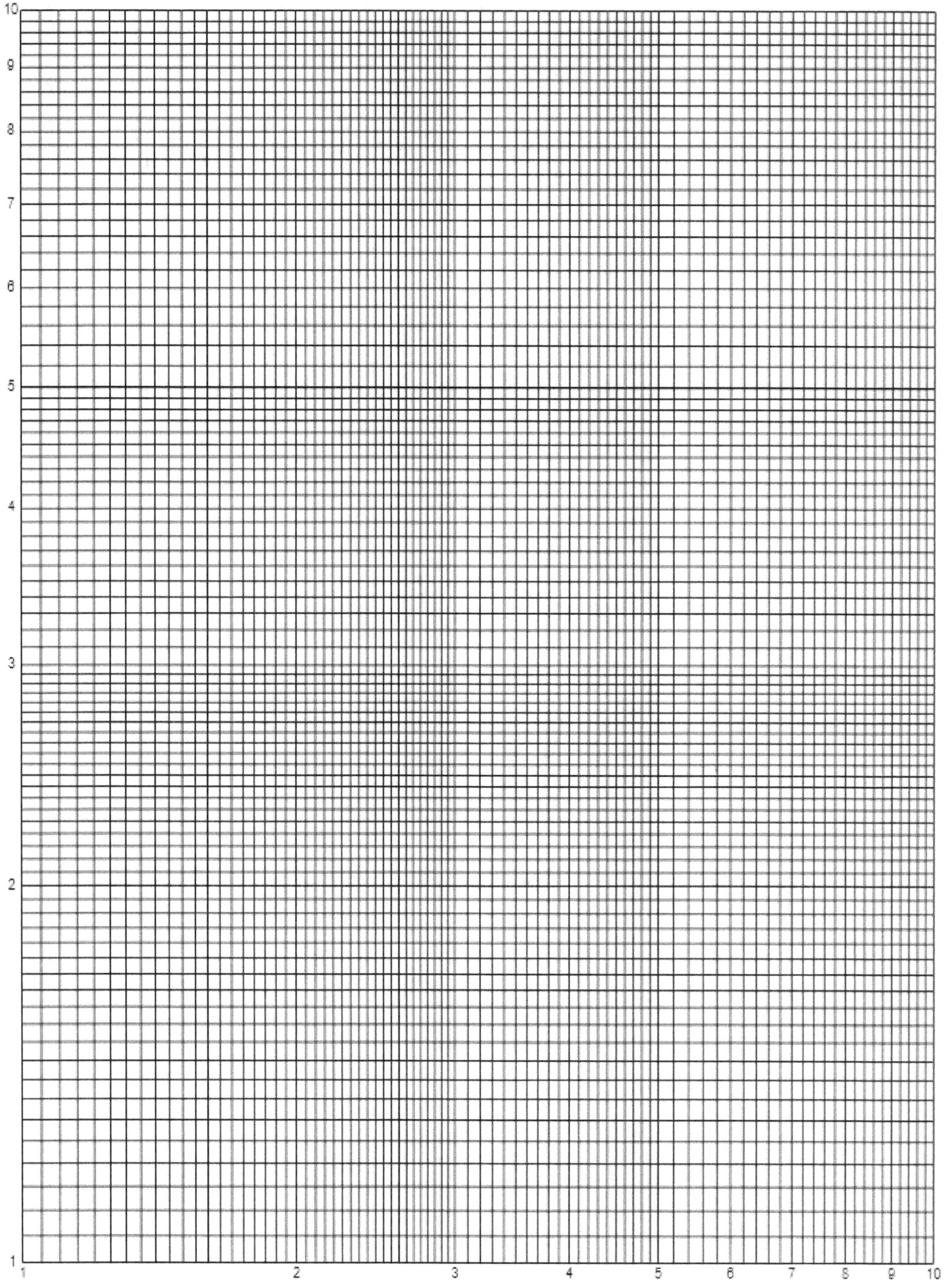
10
9
8
7
6
5
4
3
2
1
1
2
3
4
5
6
7
8
9
10

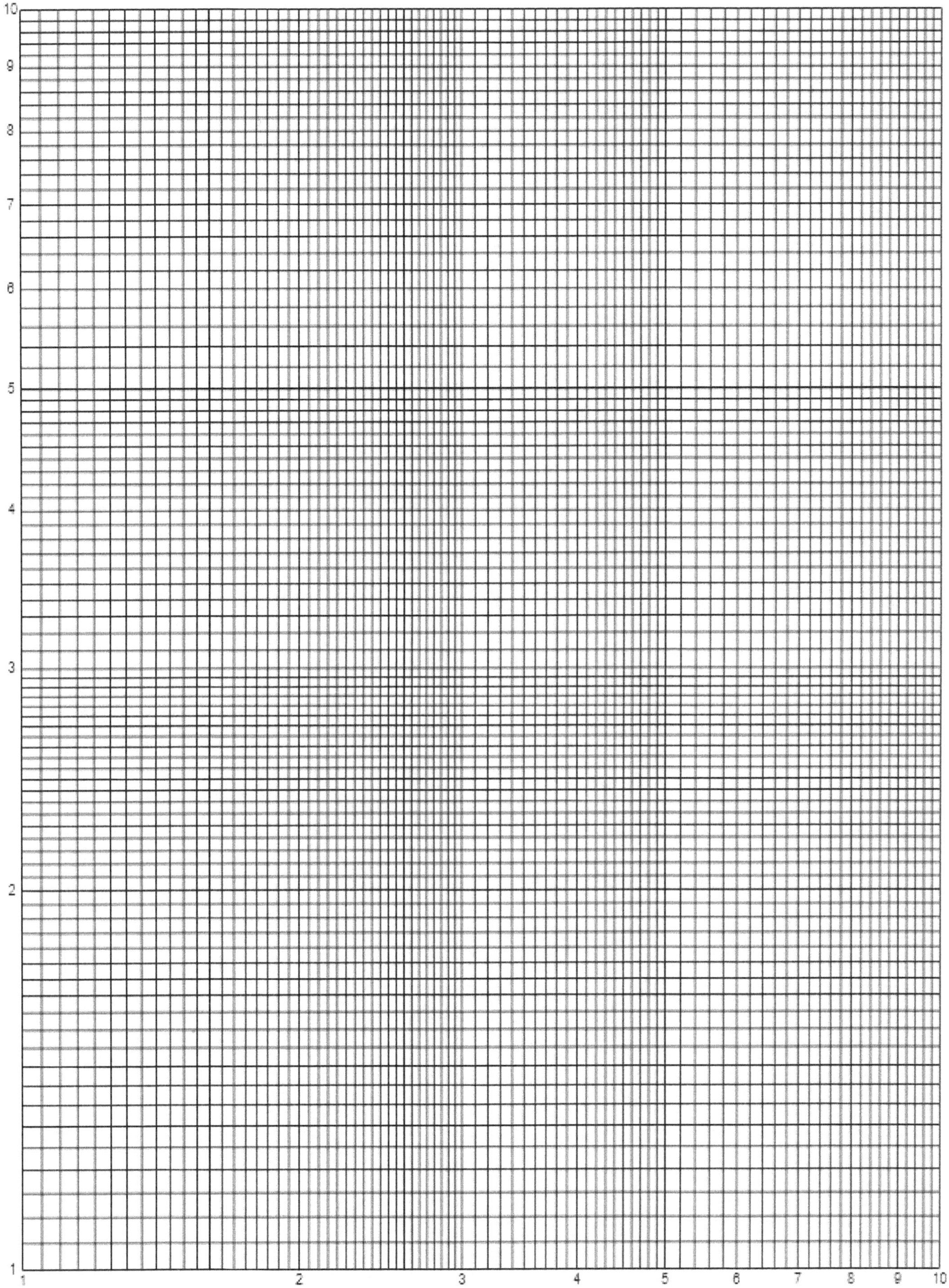
10
9
8
7
6
5
4
3
2
1
1
2
3
4
5
6
7
8
9
10

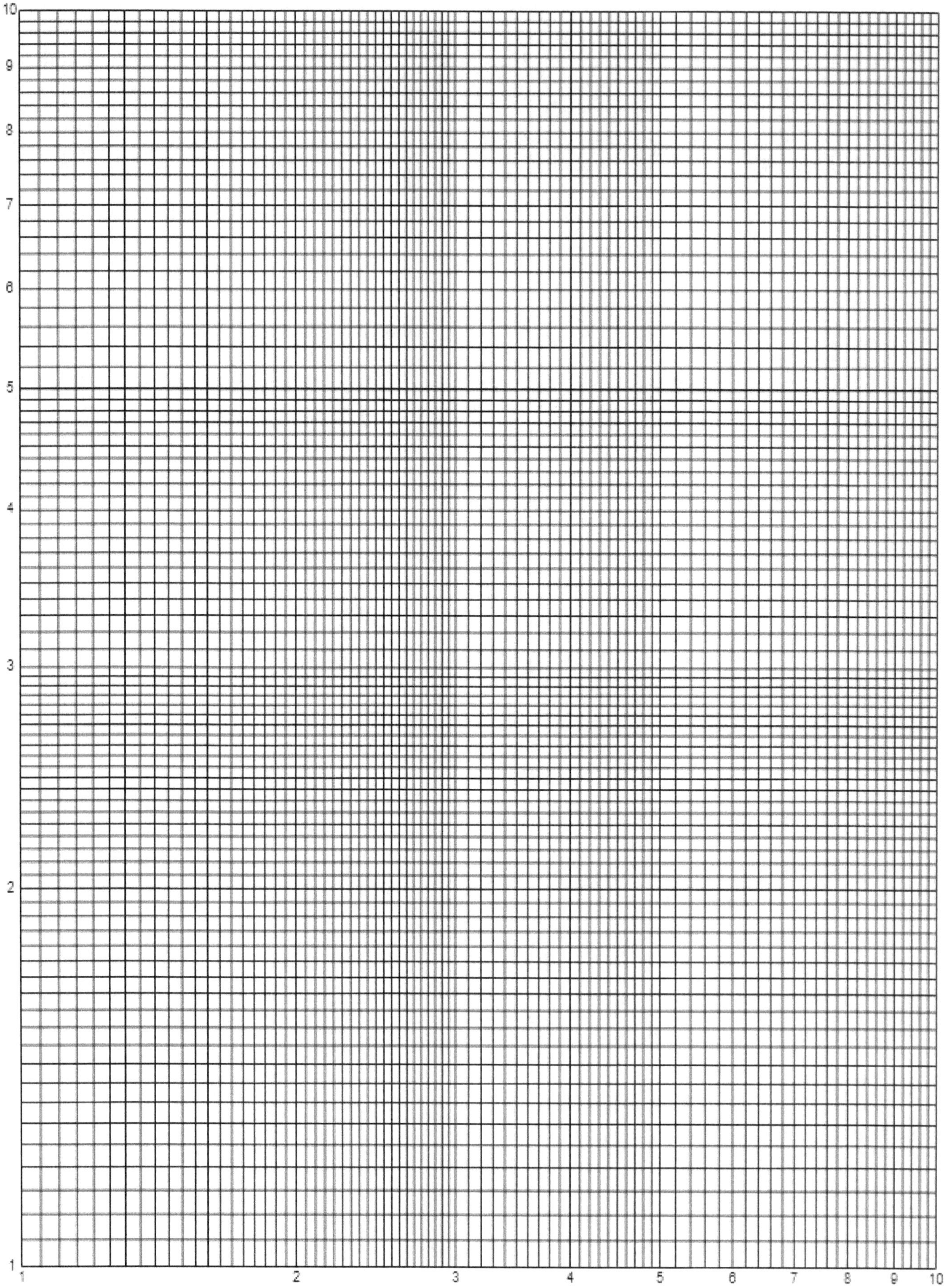
10
9
8
7
6
5
4
3
2
1
1
2
3
4
5
6
7
8
9
10

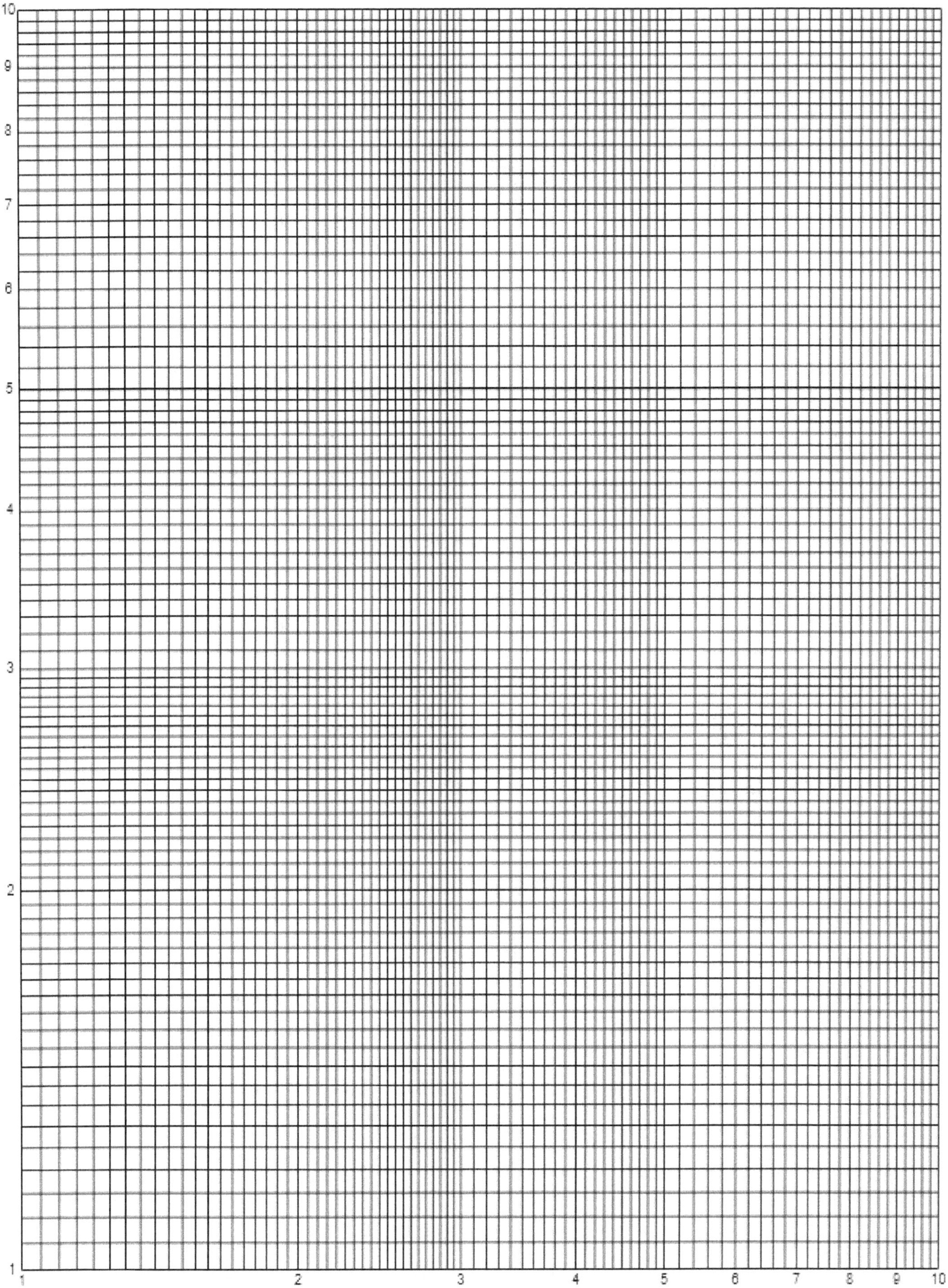
10
9
8
7
6
5
4
3
2
1
1
2
3
4
5
6
7
8
9
10

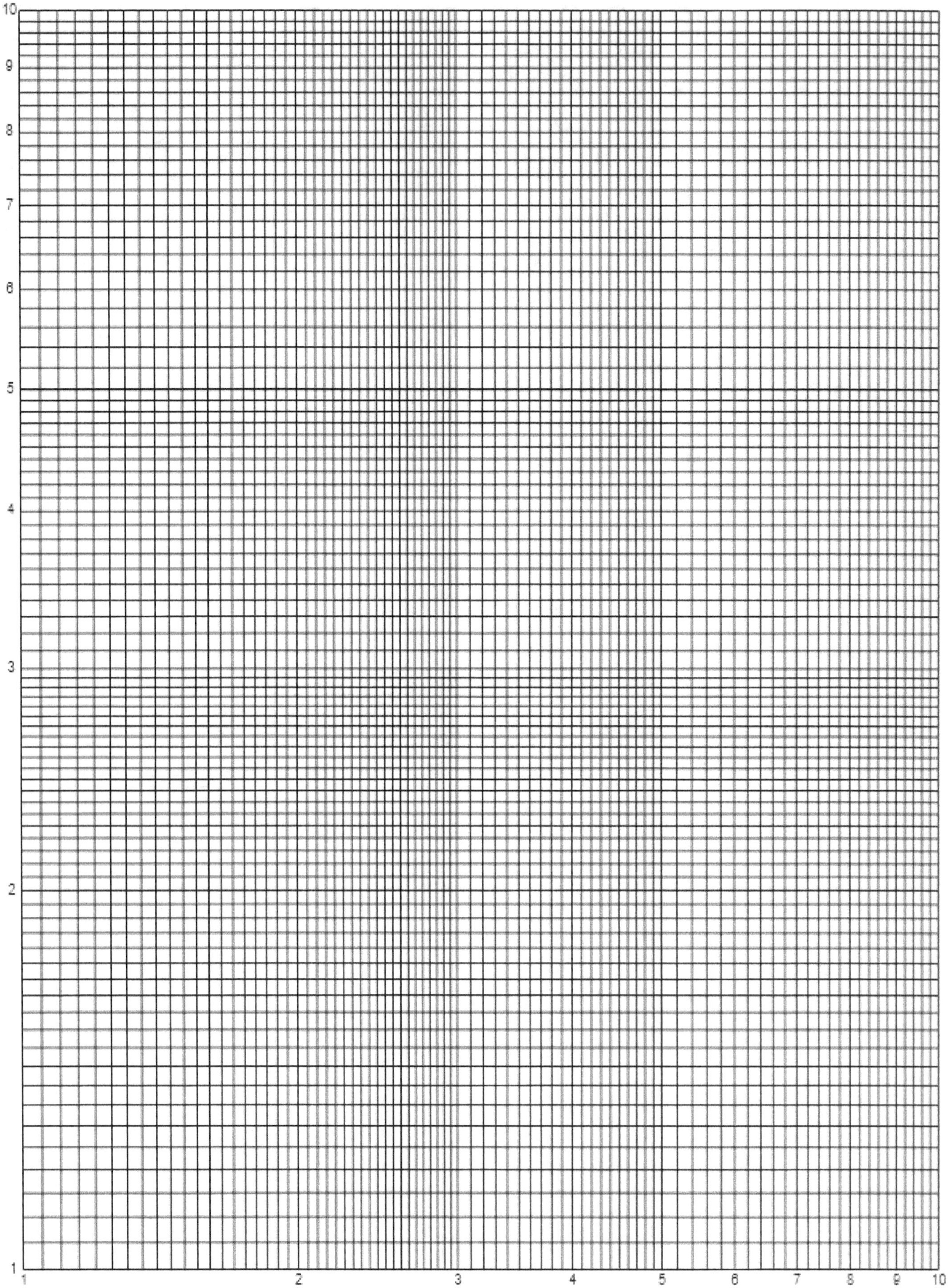
10
9
8
7
6
5
4
3
2
1
1
2
3
4
5
6
7
8
9
10

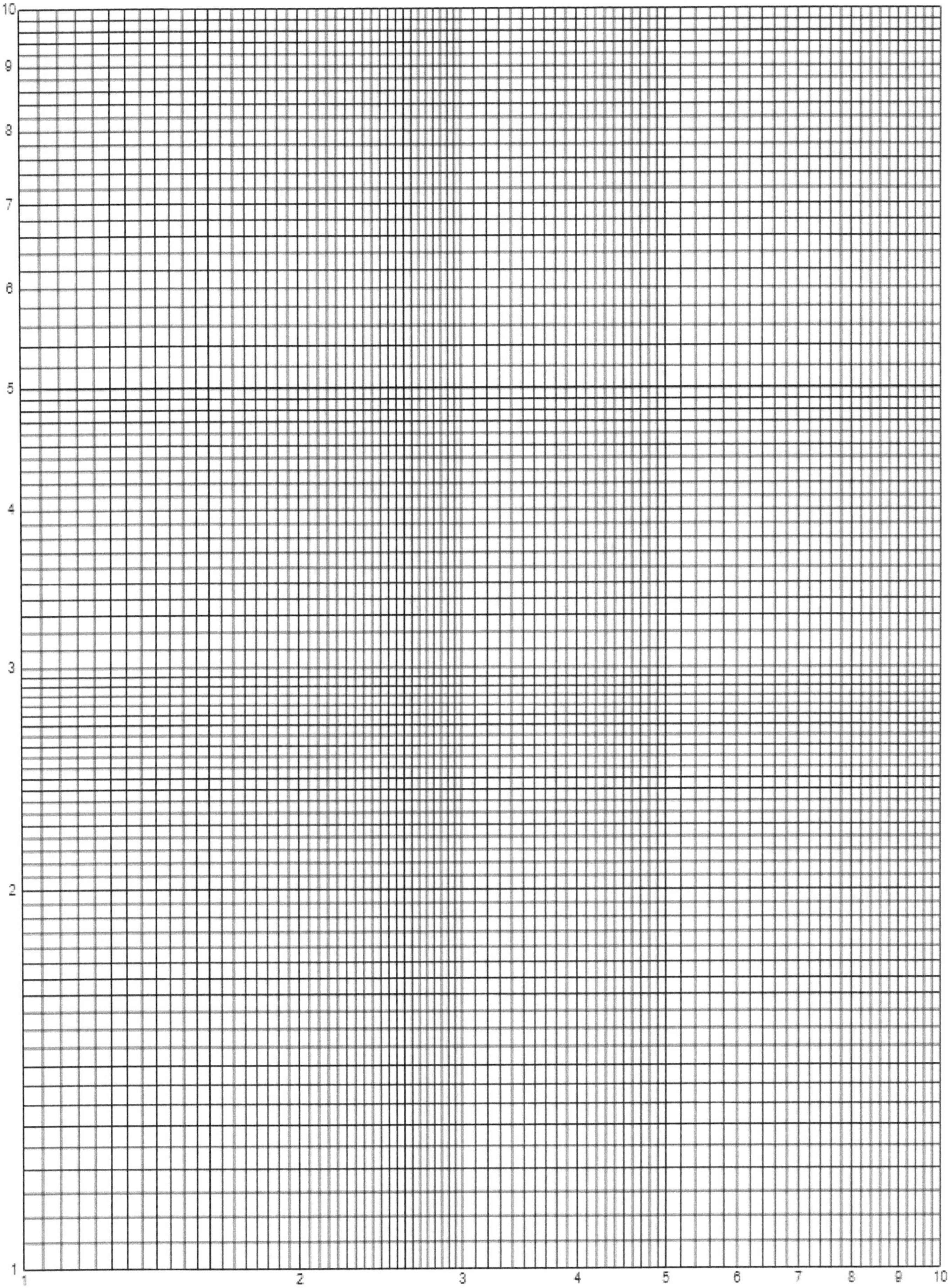

10
9
8
7
6
5
4
3
2
1
1
2
3
4
5
6
7
8
9
10

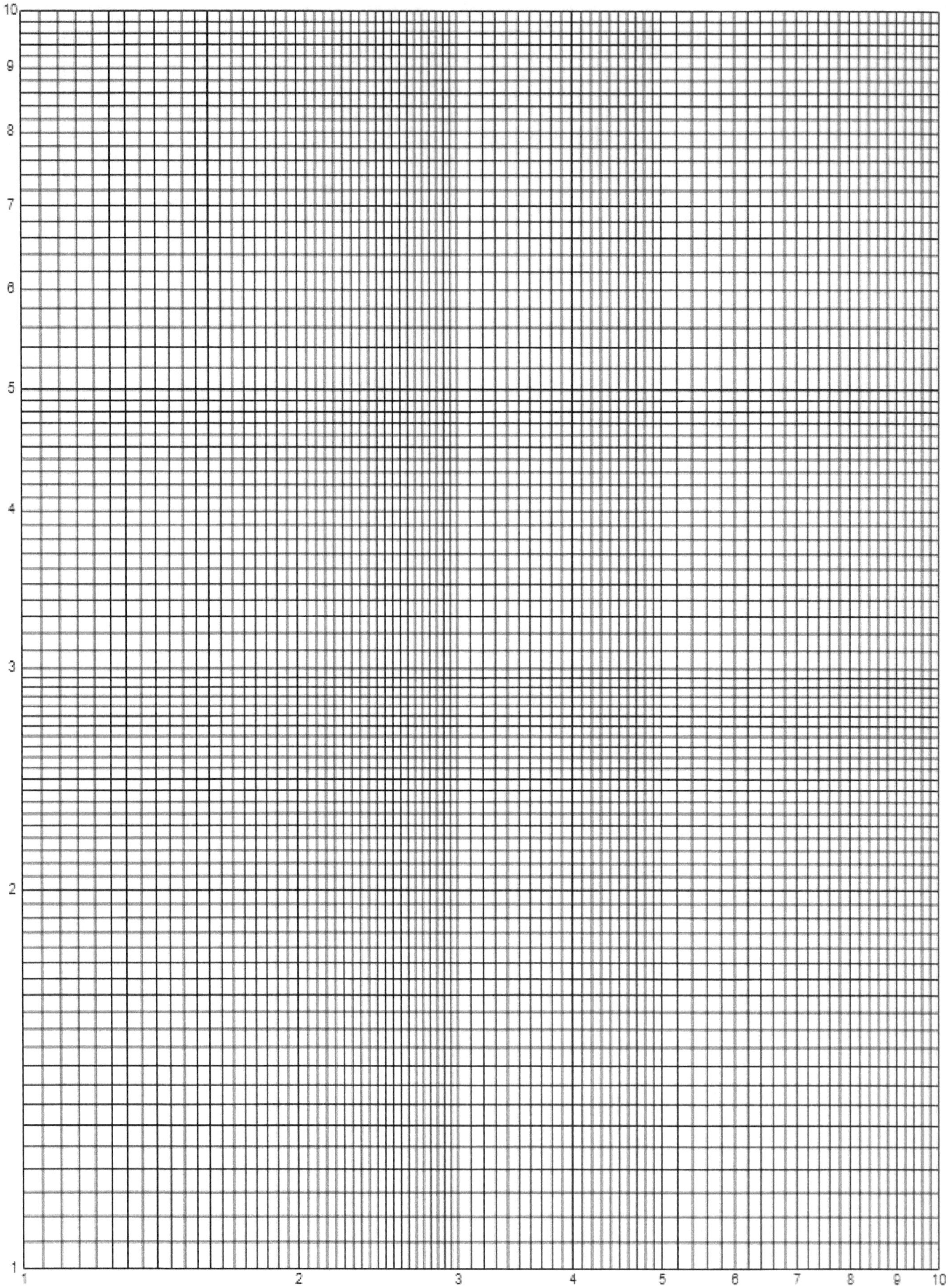
10
9
8
7
6
5
4
3
2
1
1
2
3
4
5
6
7
8
9
10

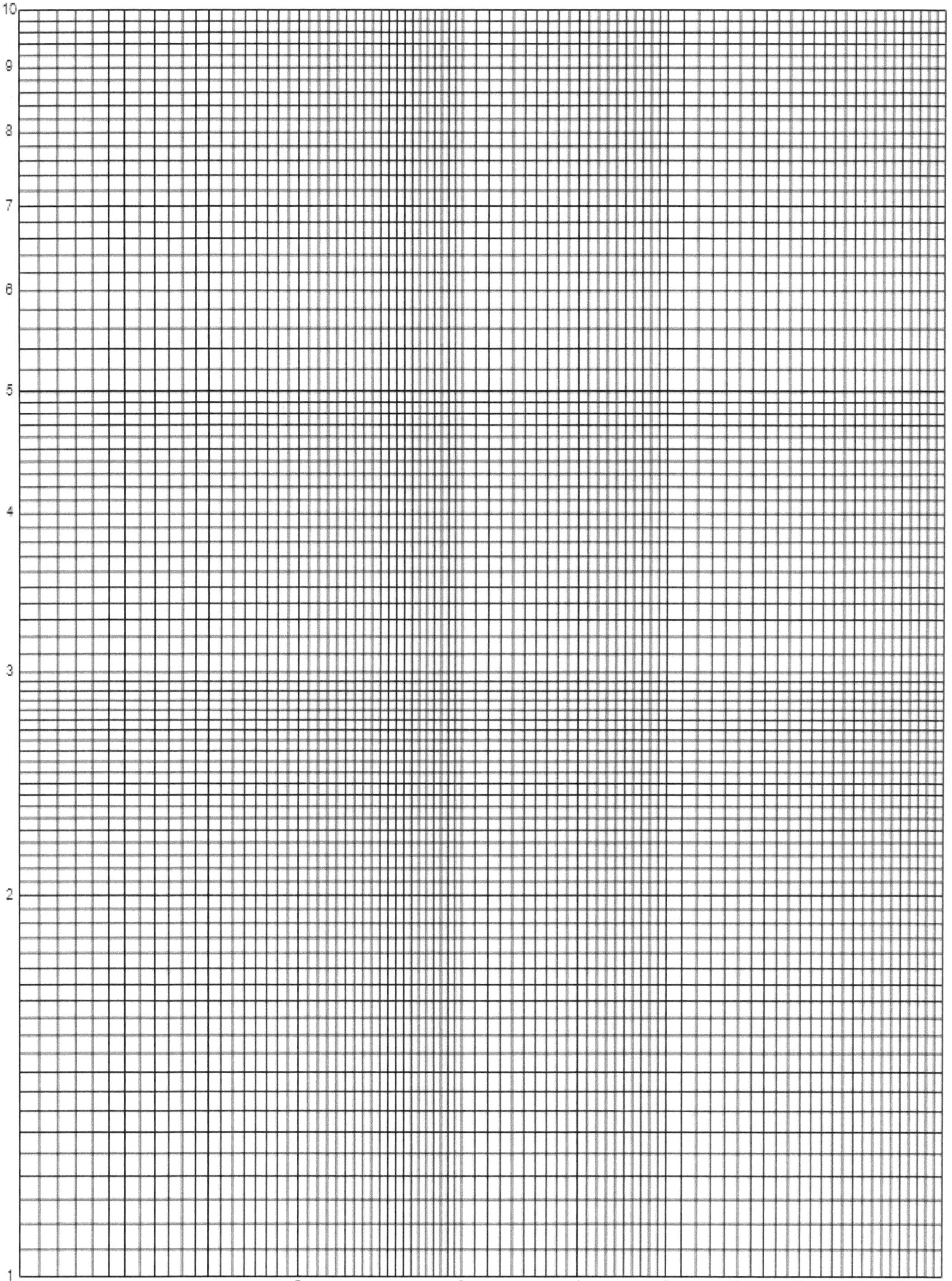
10
9
8
7
6
5
4
3
2
1
1
2
3
4
5
6
7
8
9
10

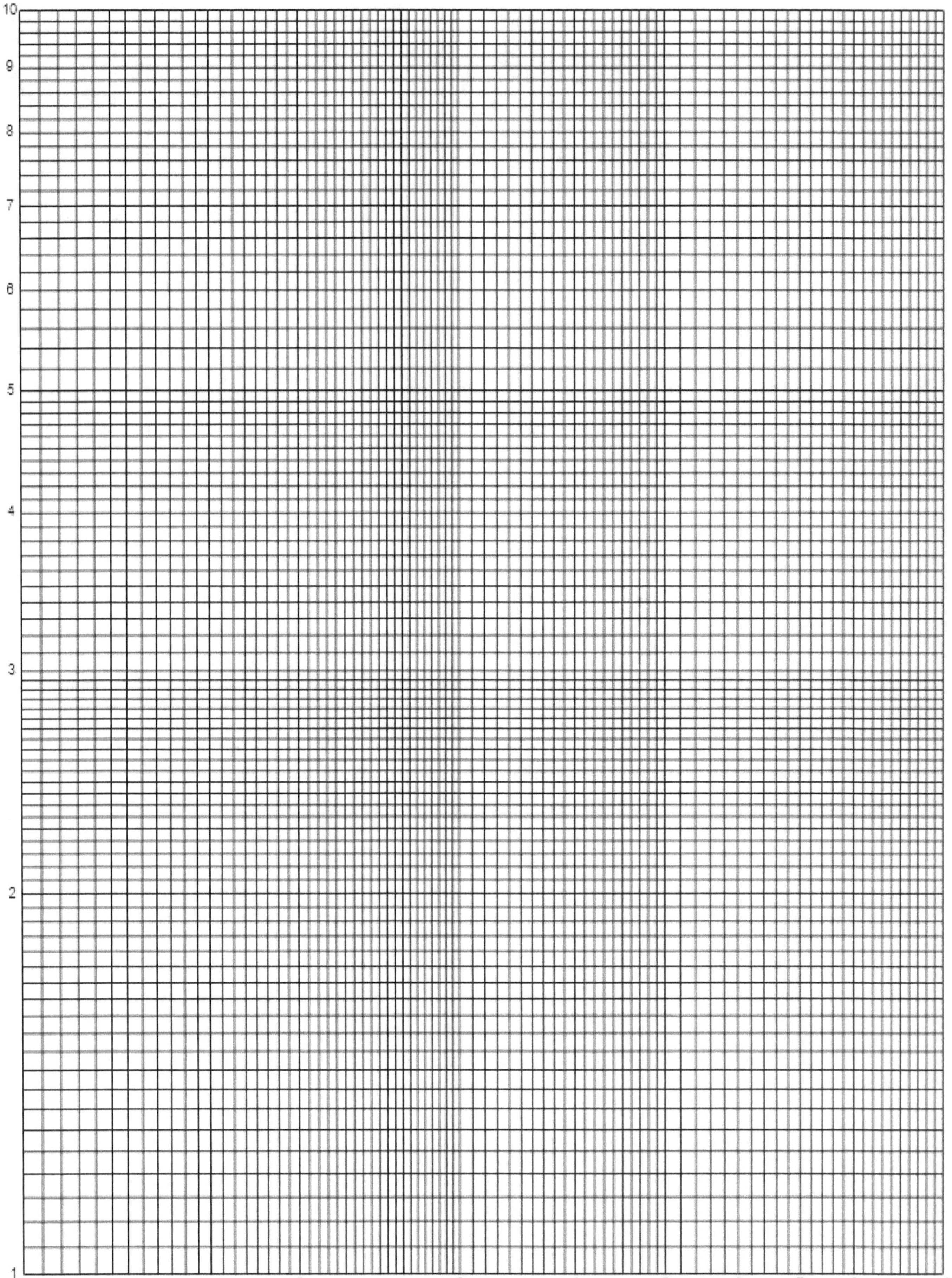
10
9
8
7
6
5
4
3
2
1
1
2
3
4
5
6
7
8
9
10

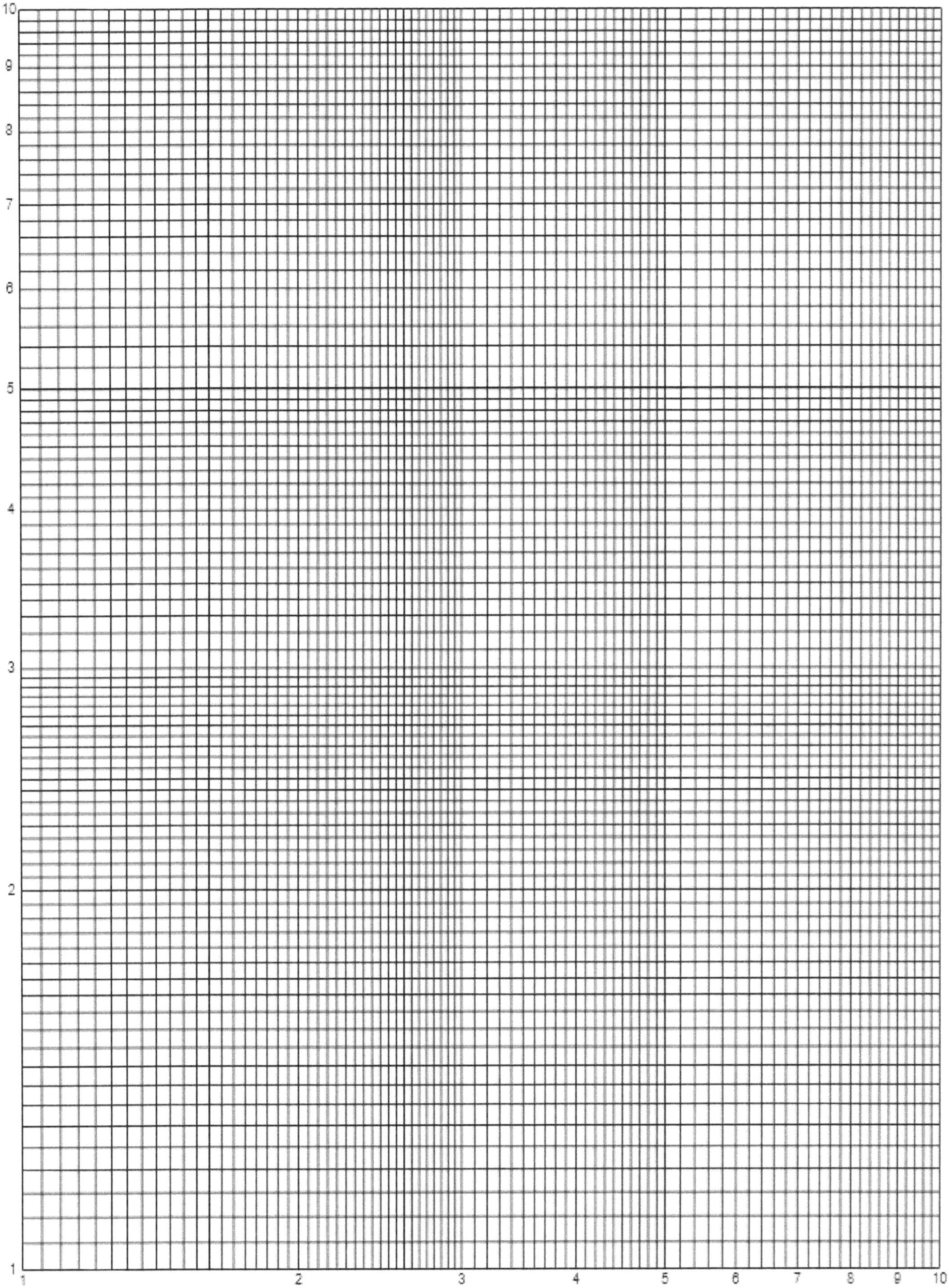

10
9
8
7
6
5
4
3
2
1
1
2
3
4
5
6
7
8
9
10

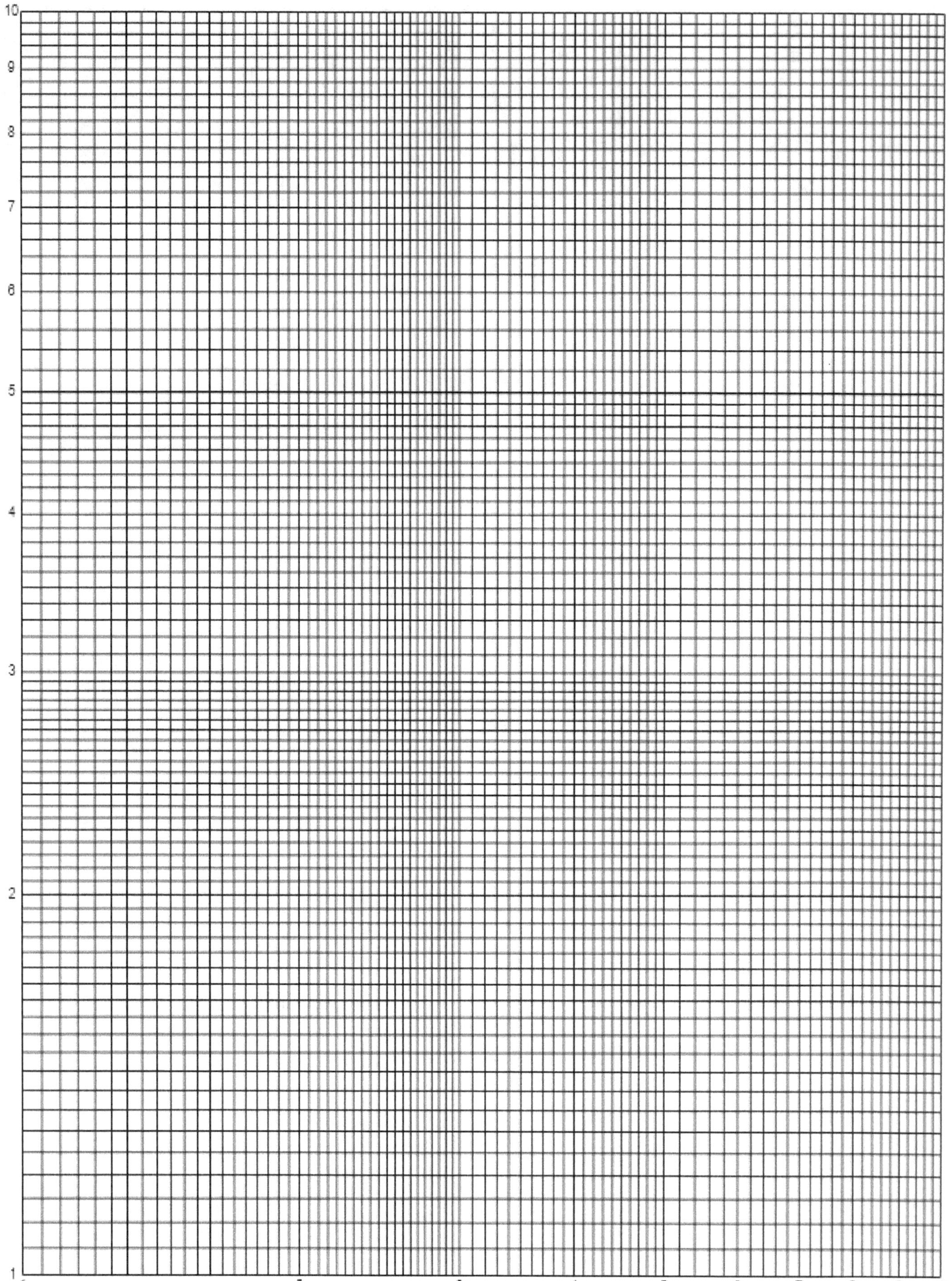
10
9
8
7
6
5
4
3
2
1
1
2
3
4
5
6
7
8
9
10

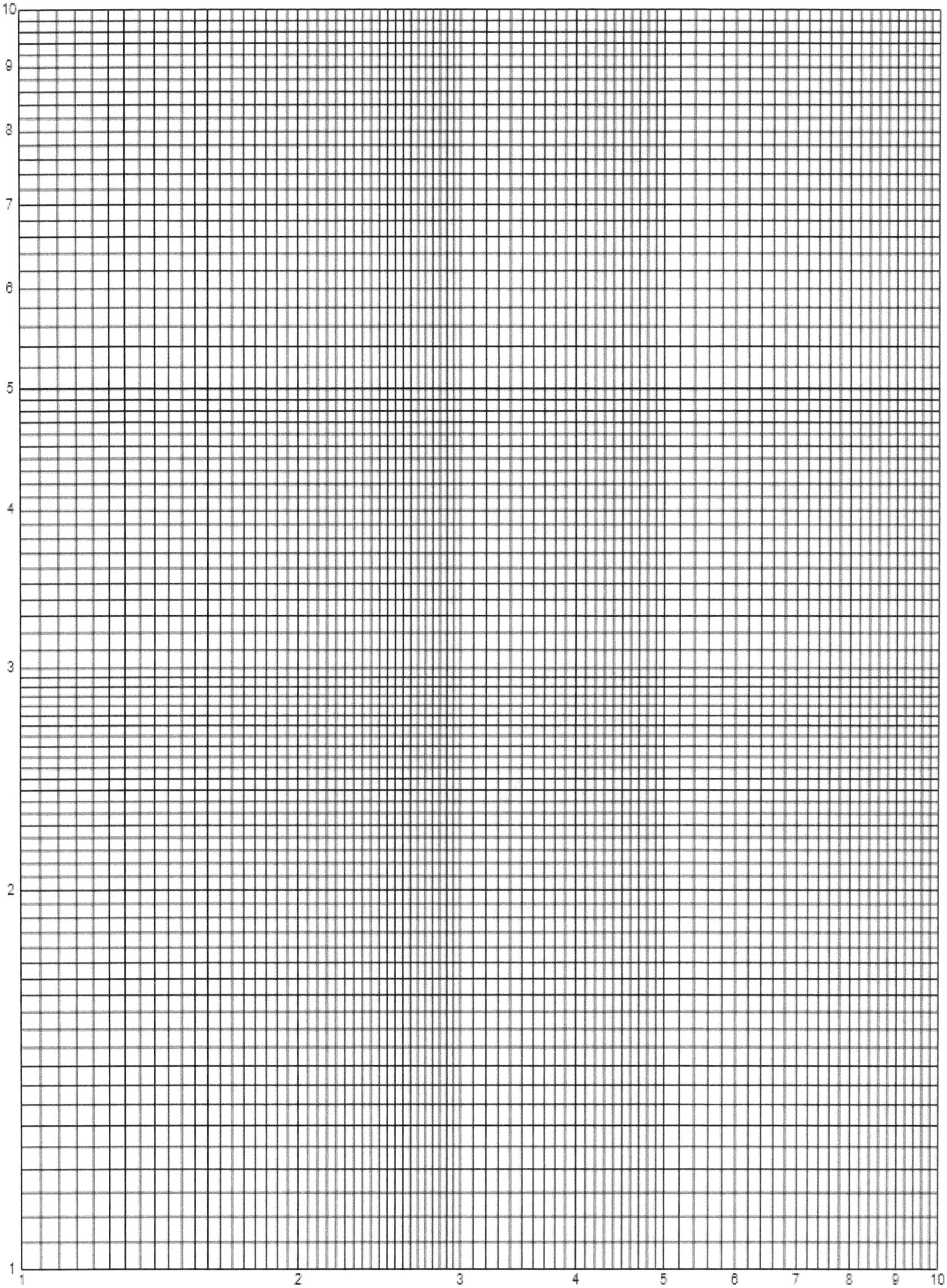
10
9
8
7
6
5
4
3
2
1
1
2
3
4
5
6
7
8
9
10

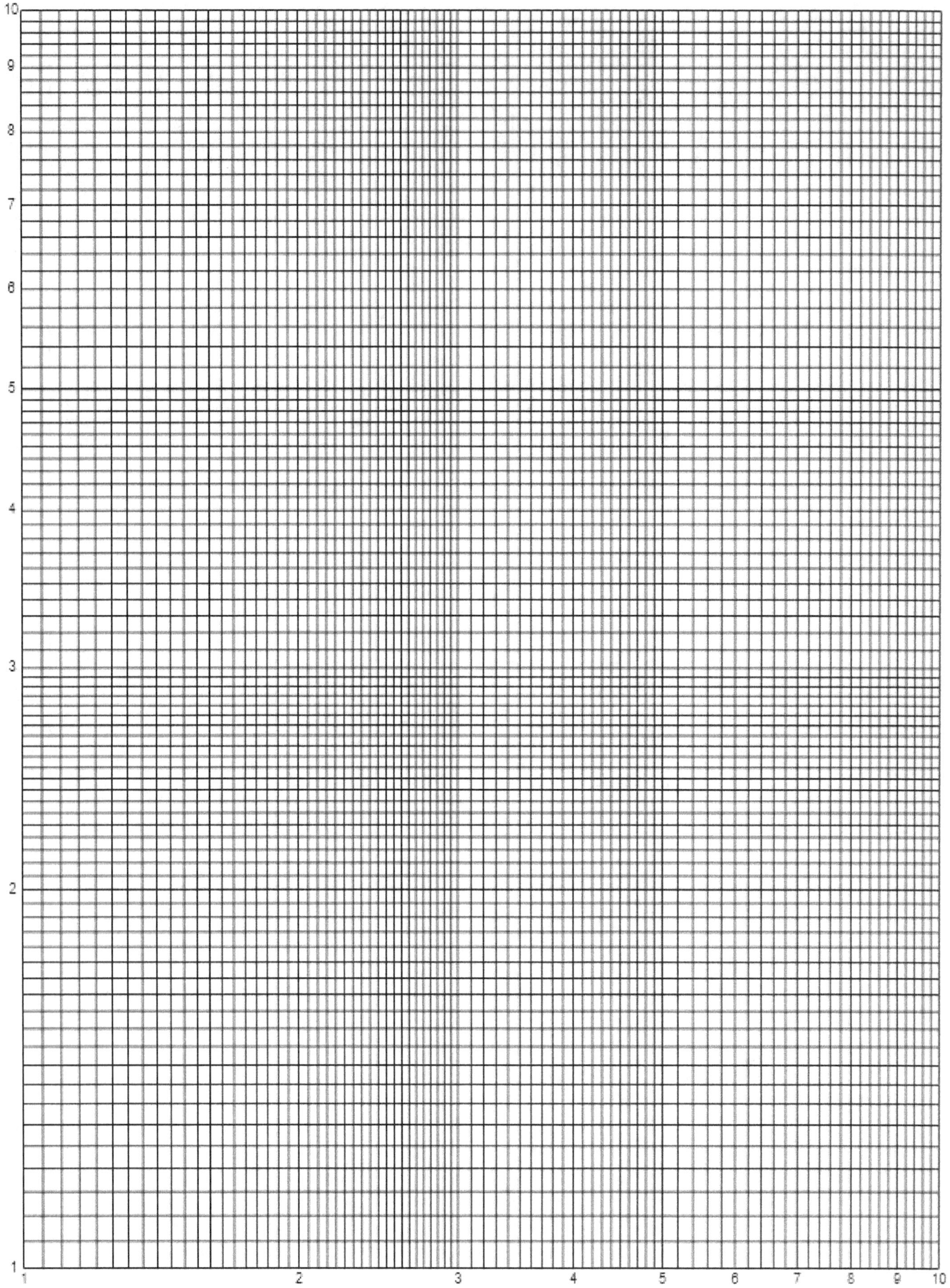
10
9
8
7
6
5
4
3
2
1
1
2
3
4
5
6
7
8
9
10

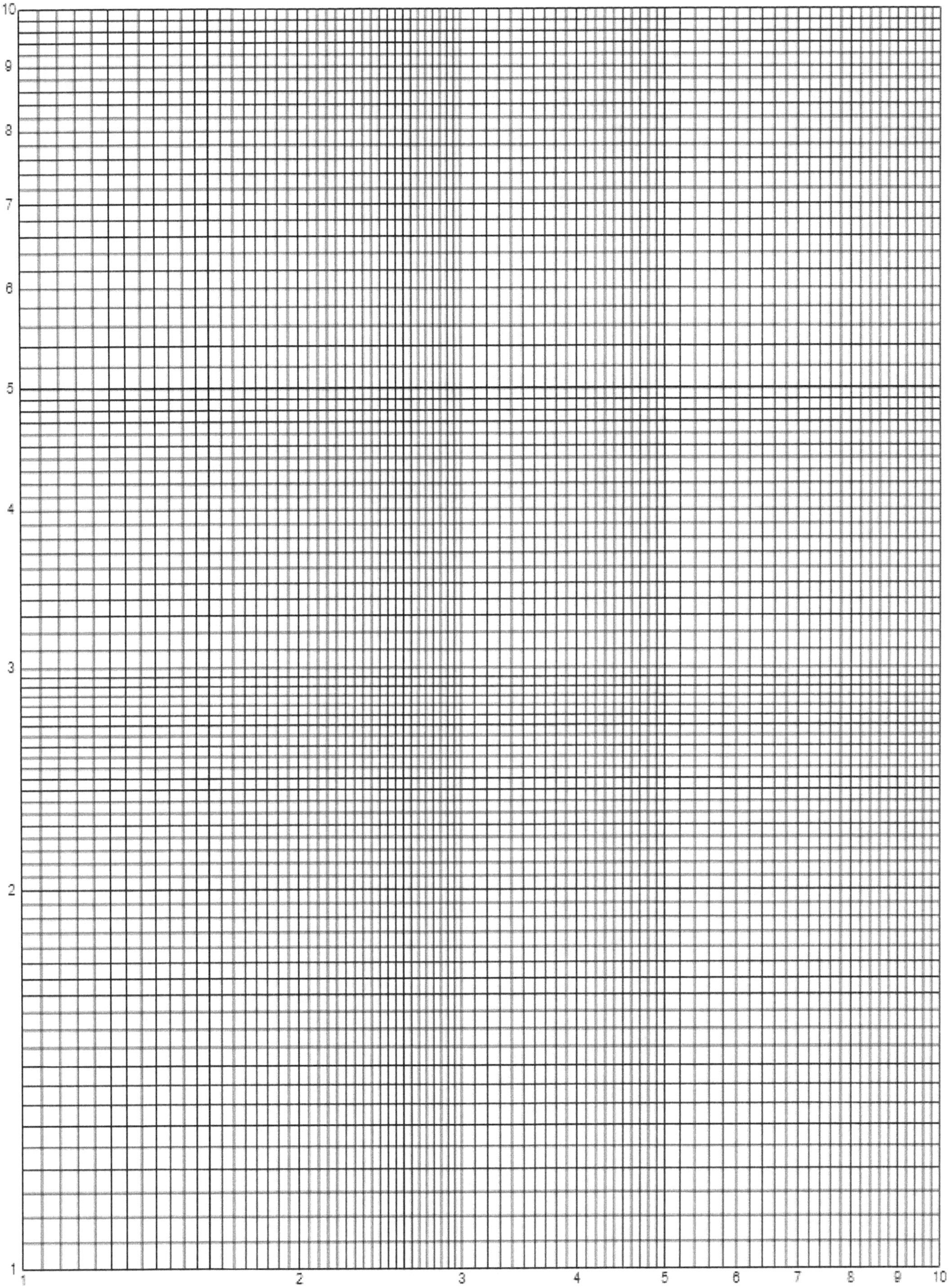
10
9
8
7
6
5
4
3
2
1
1
2
3
4
5
6
7
8
9
10

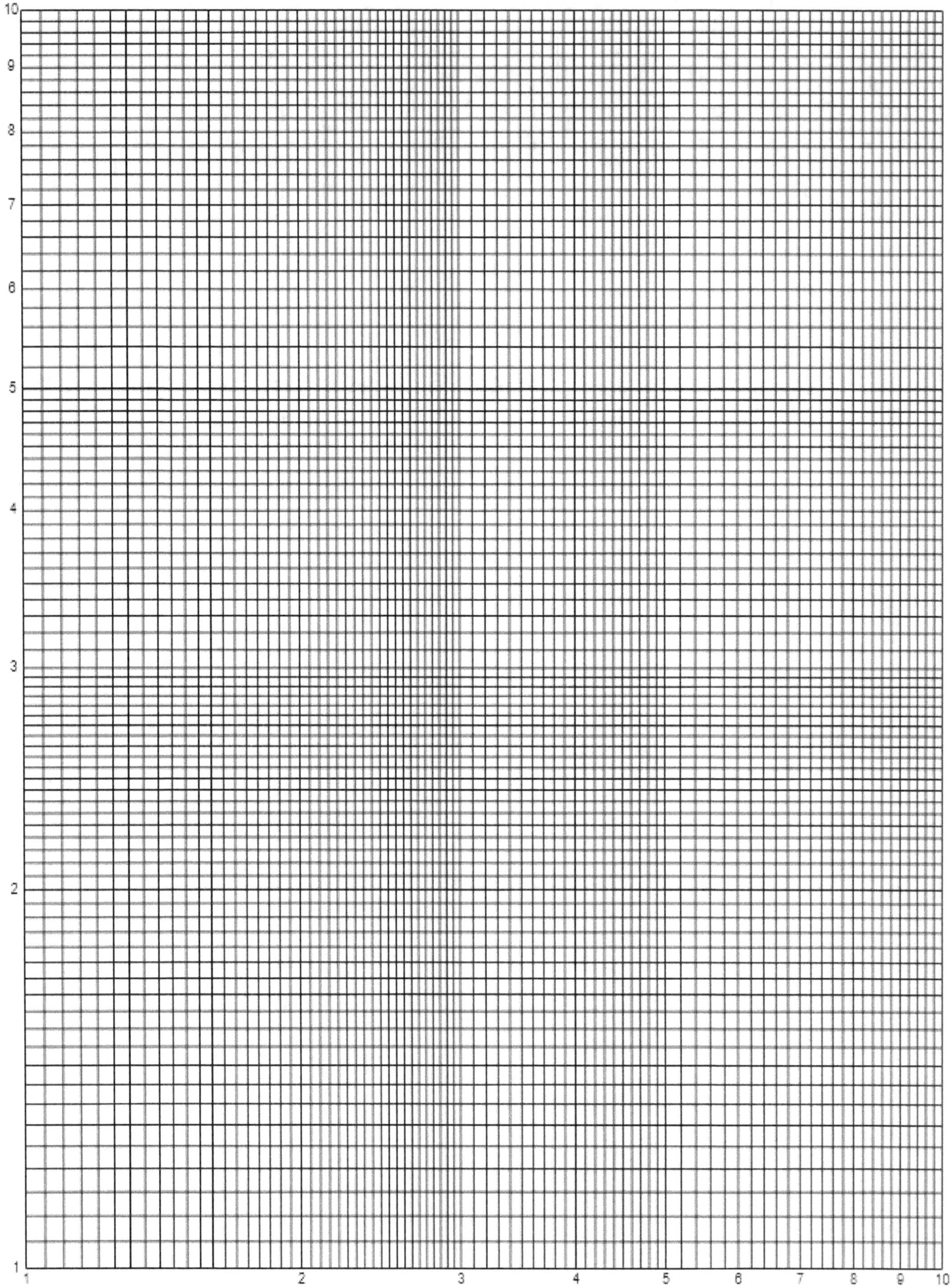
10
9
8
7
6
5
4
3
2
1
1
2
3
4
5
6
7
8
9
10

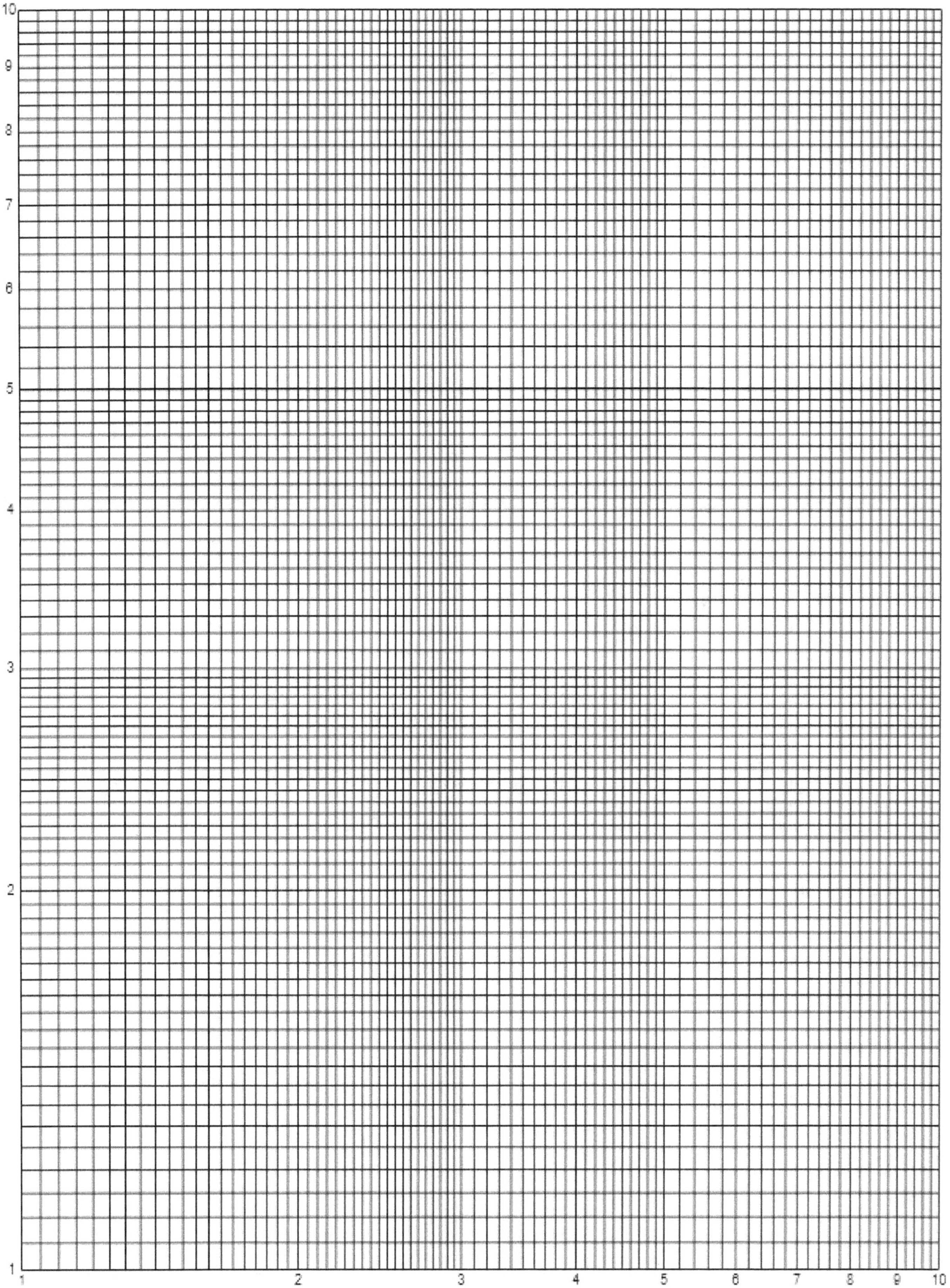

10
9
8
7
6
5
4
3
2
1
1
2
3
4
5
6
7
8
9
10

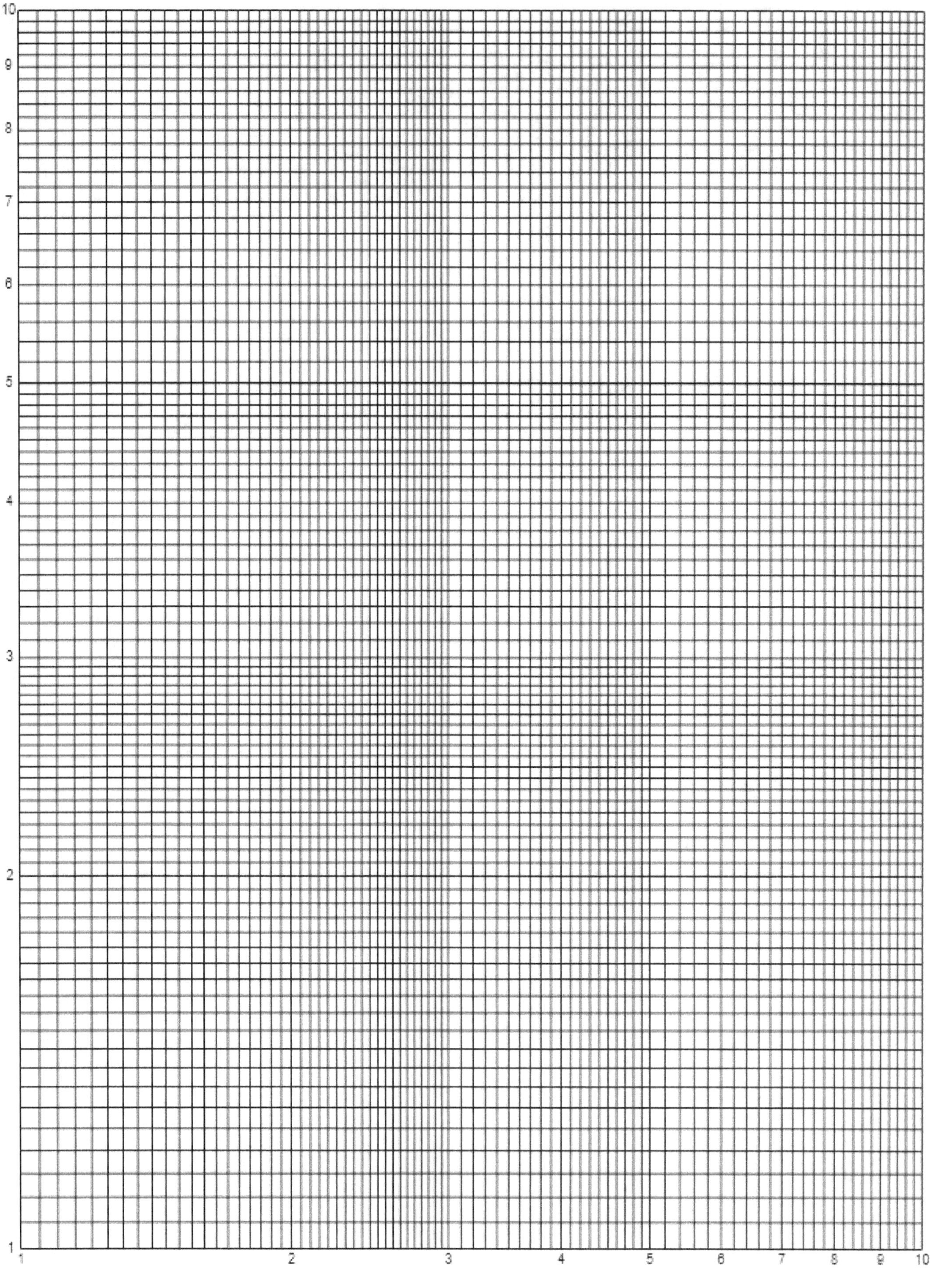
10
9
8
7
6
5
4
3
2
1
1
2
3
4
5
6
7
8
9
10

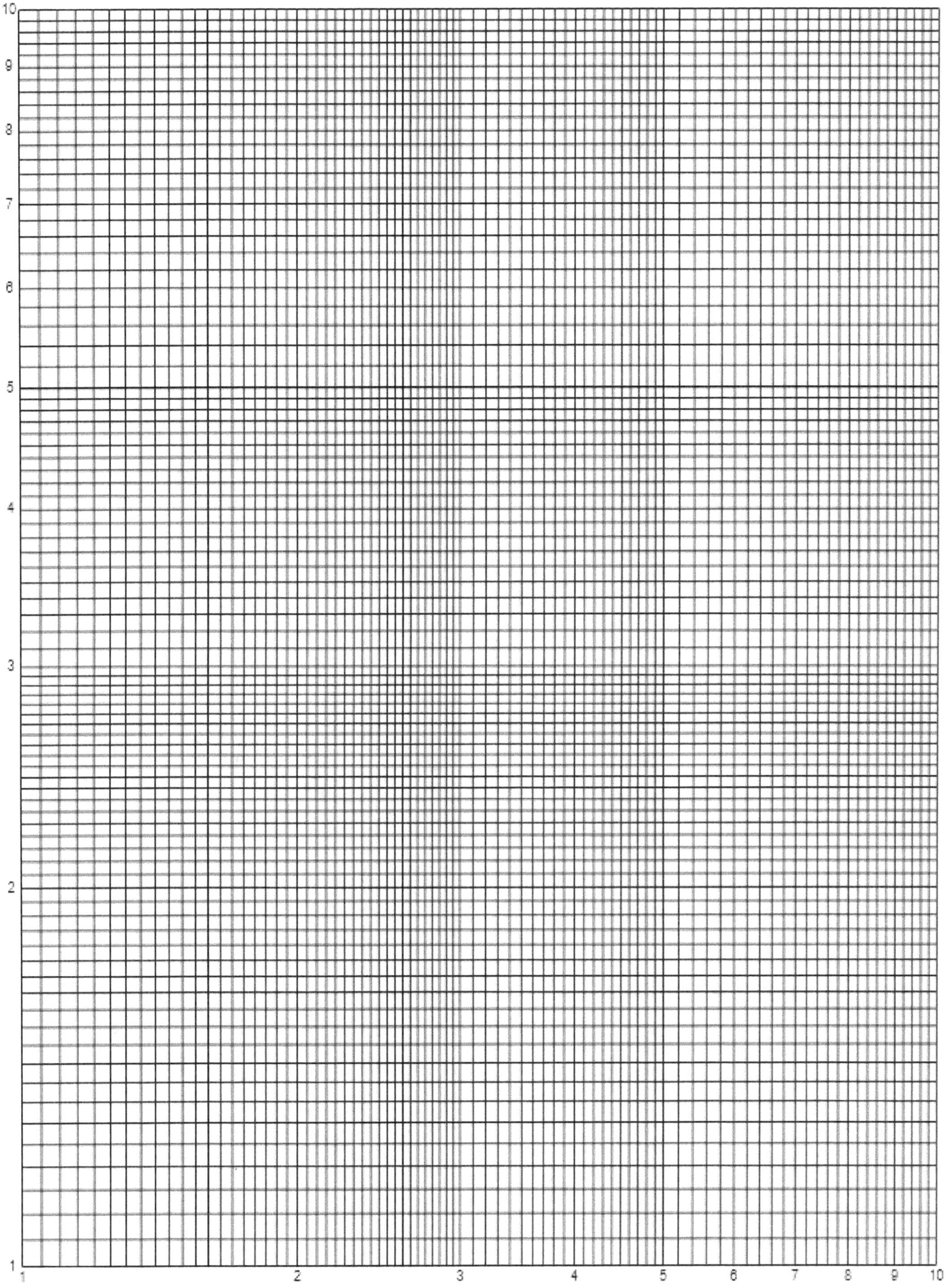
10
9
8
7
6
5
4
3
2
1
1
2
3
4
5
6
7
8
9
10

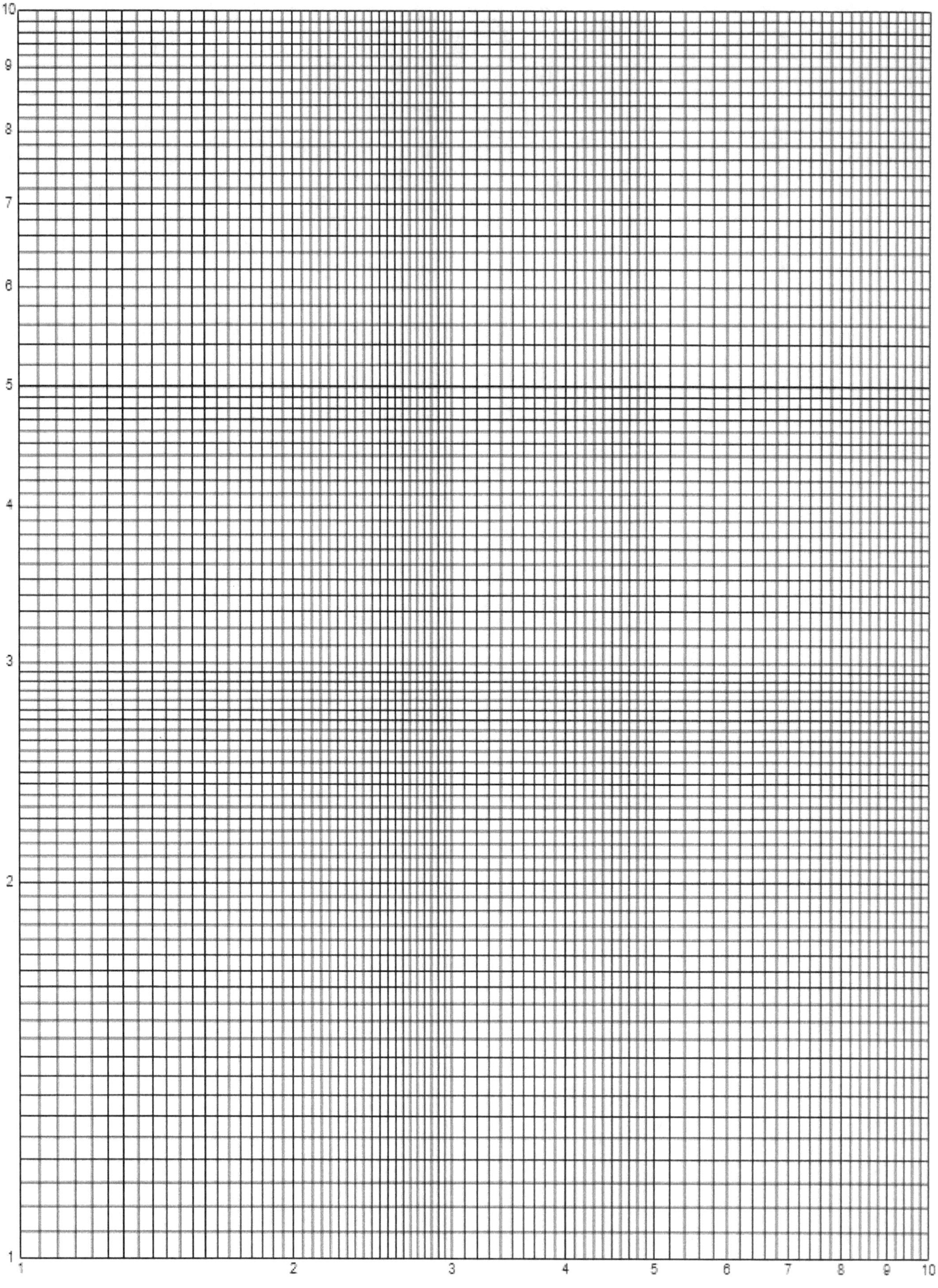
10
9
8
7
6
5
4
3
2
1
1
2
3
4
5
6
7
8
9
10

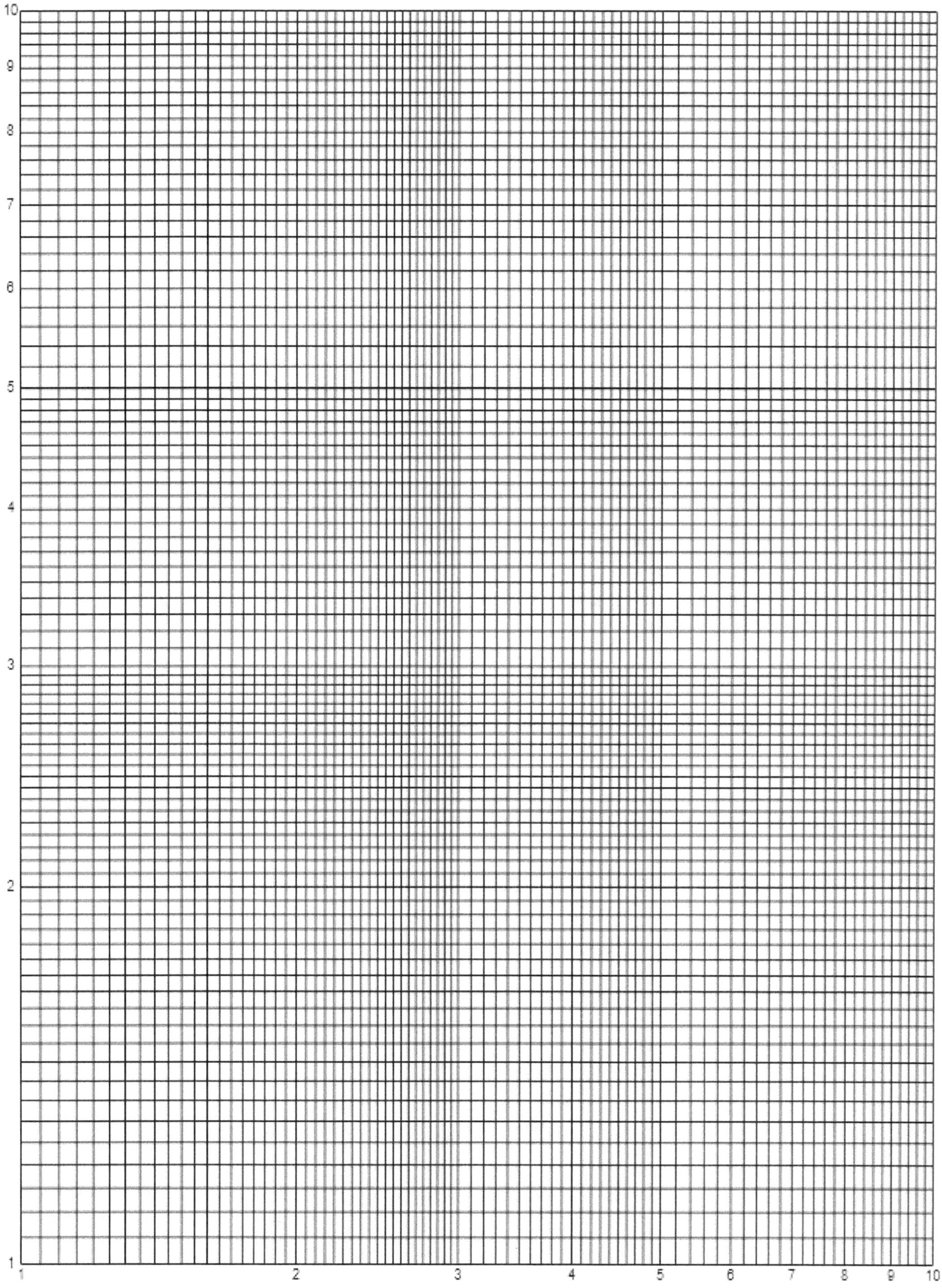
10
9
8
7
6
5
4
3
2
1
1
2
3
4
5
6
7
8
9
10

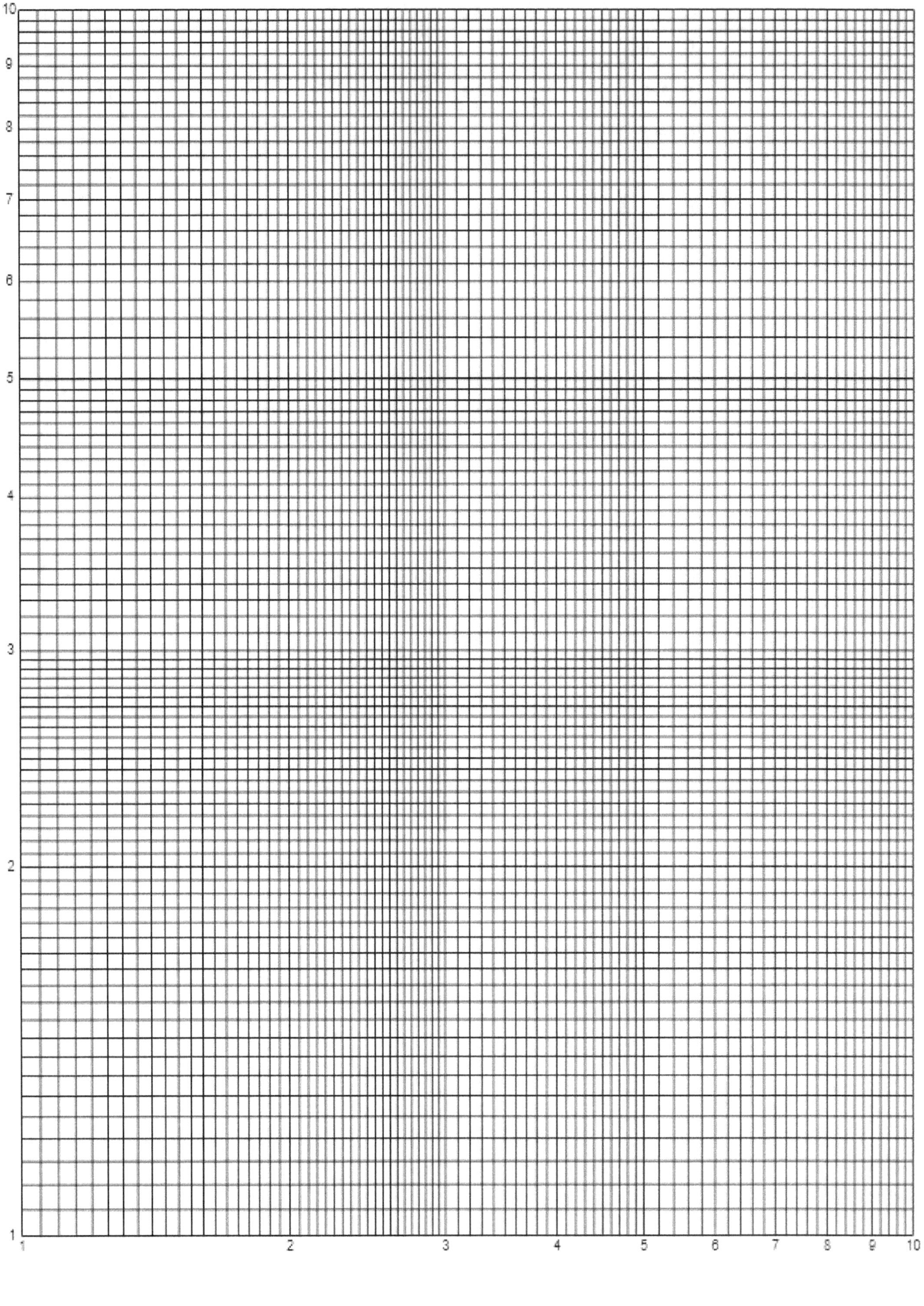
10
9
8
7
6
5
4
3
2
1
1
2
3
4
5
6
7
8
9
10

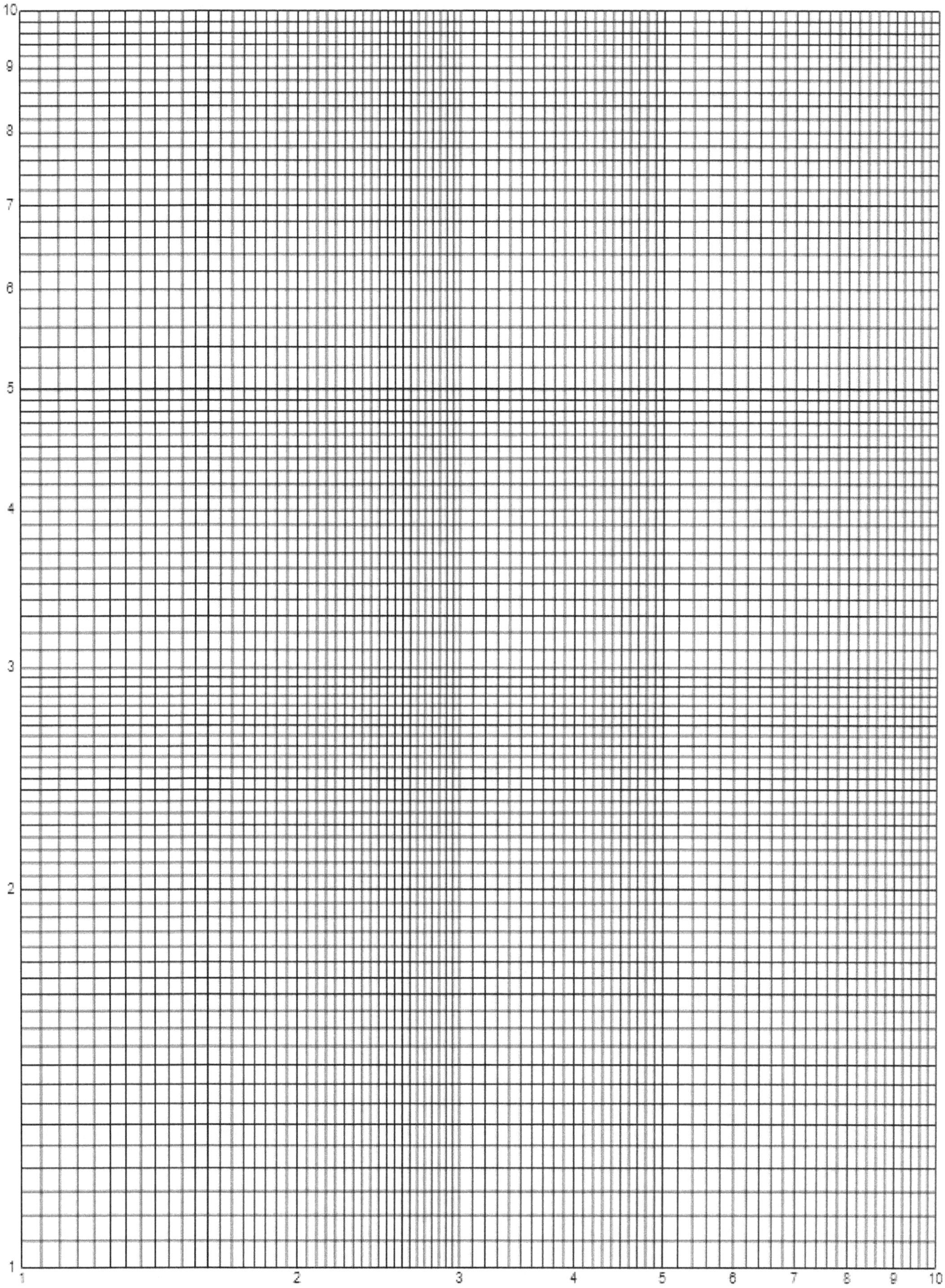
10
9
8
7
6
5
4
3
2
1
1
2
3
4
5
6
7
8
9
10

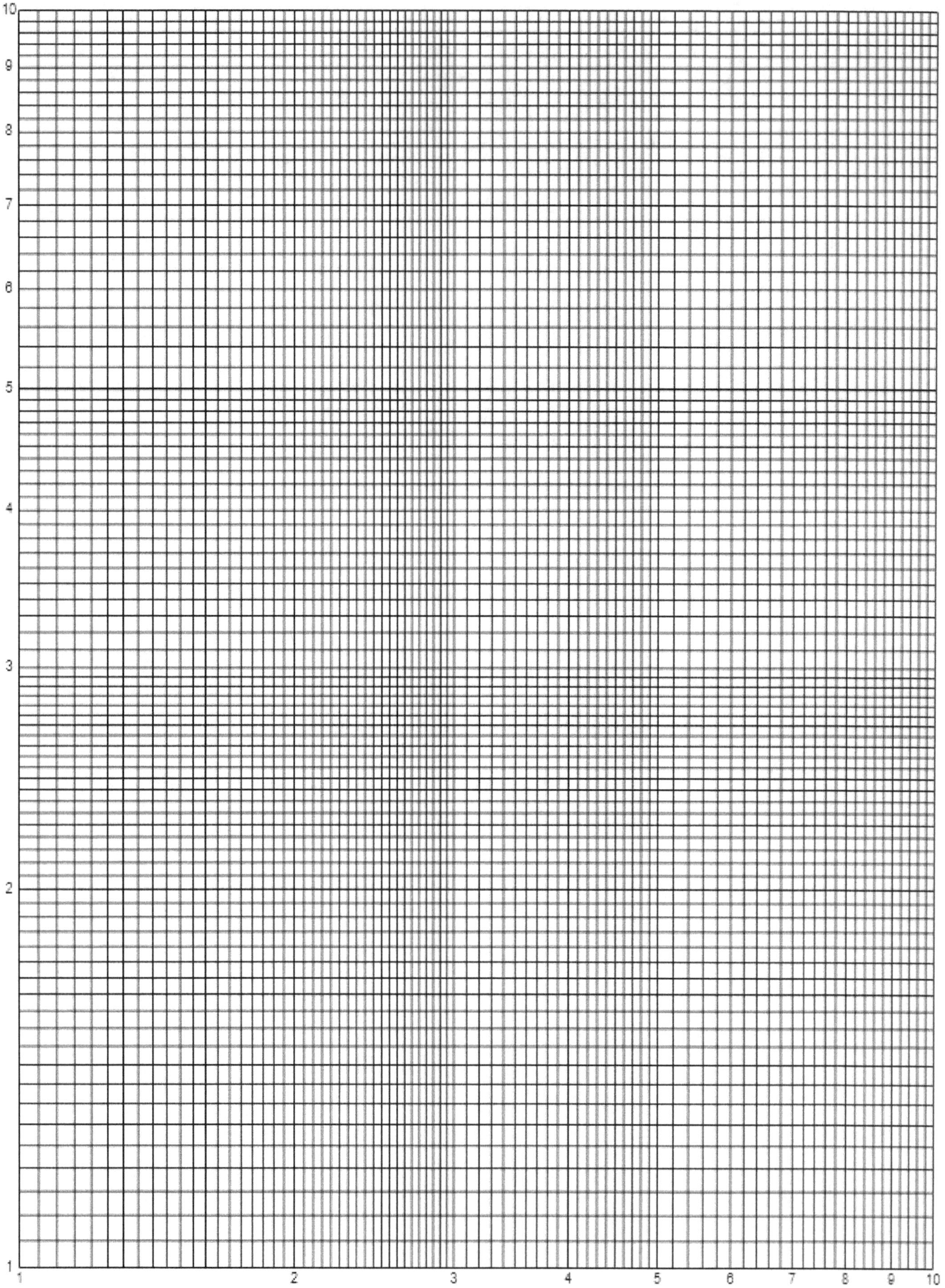
10
9
8
7
6
5
4
3
2
1
1
2
3
4
5
6
7
8
9
10

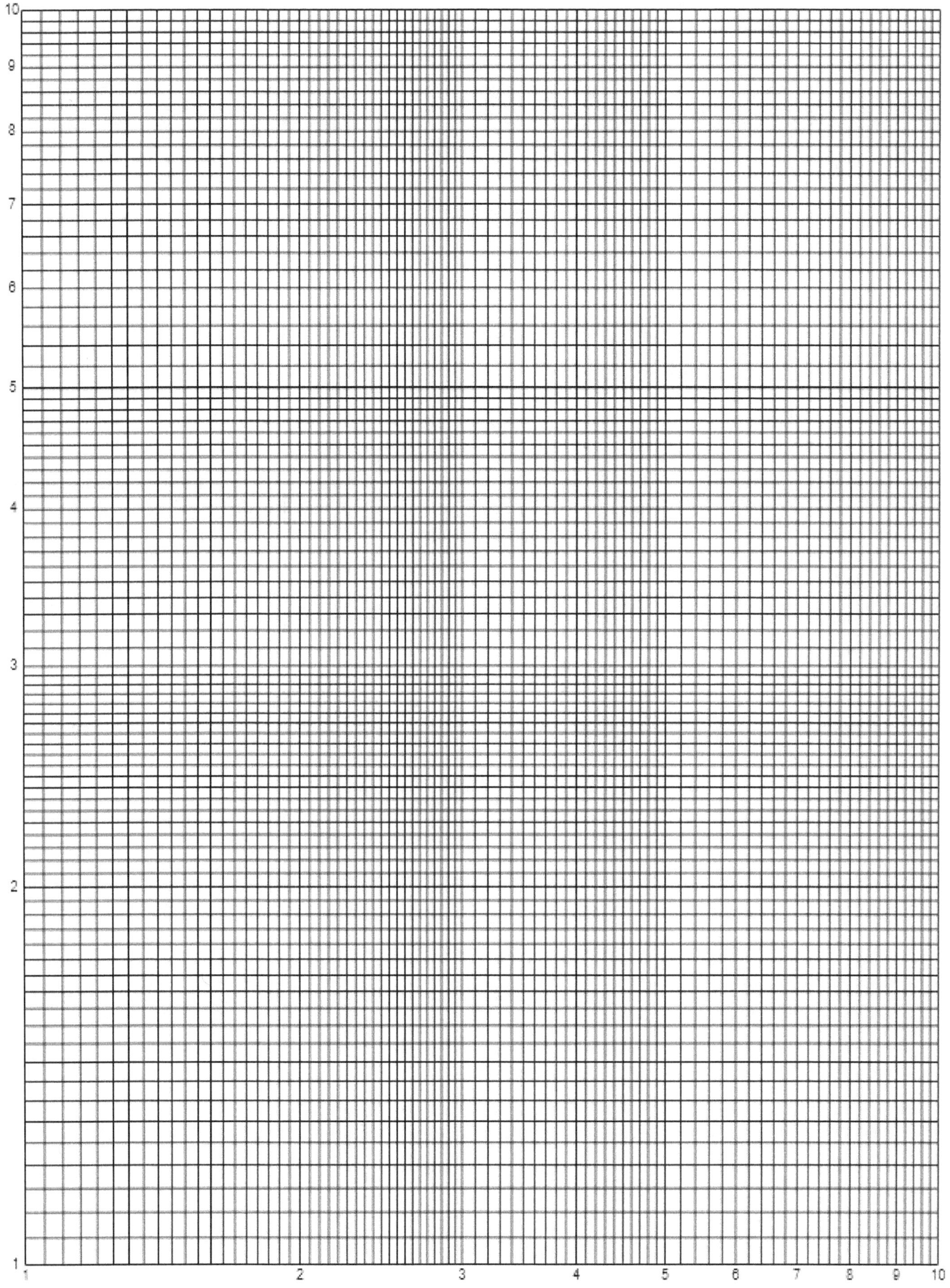
10
9
8
7
6
5
4
3
2
1
1
2
3
4
5
6
7
8
9
10

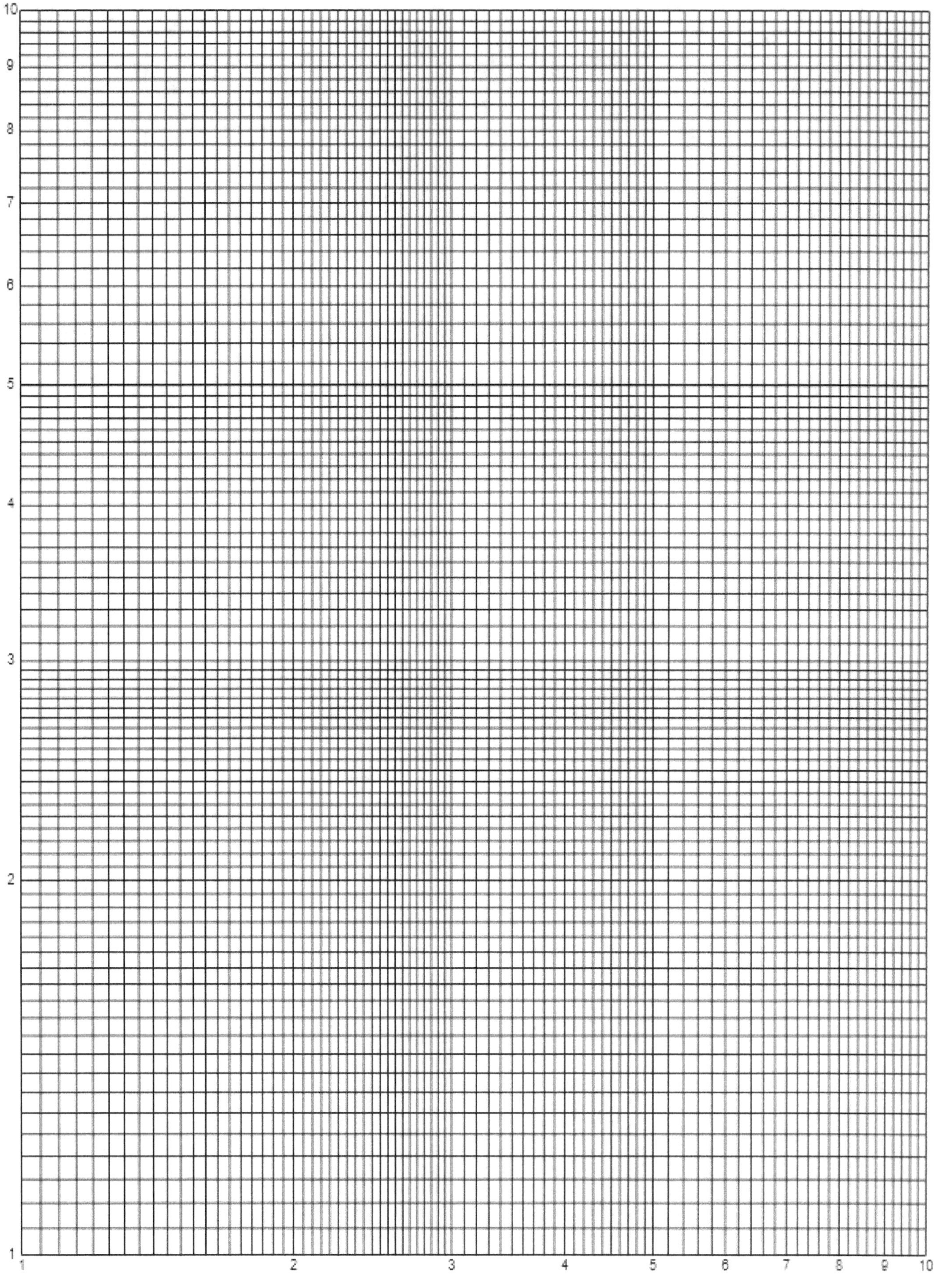
10
9
8
7
6
5
4
3
2
1
1
2
3
4
5
6
7
8
9
10

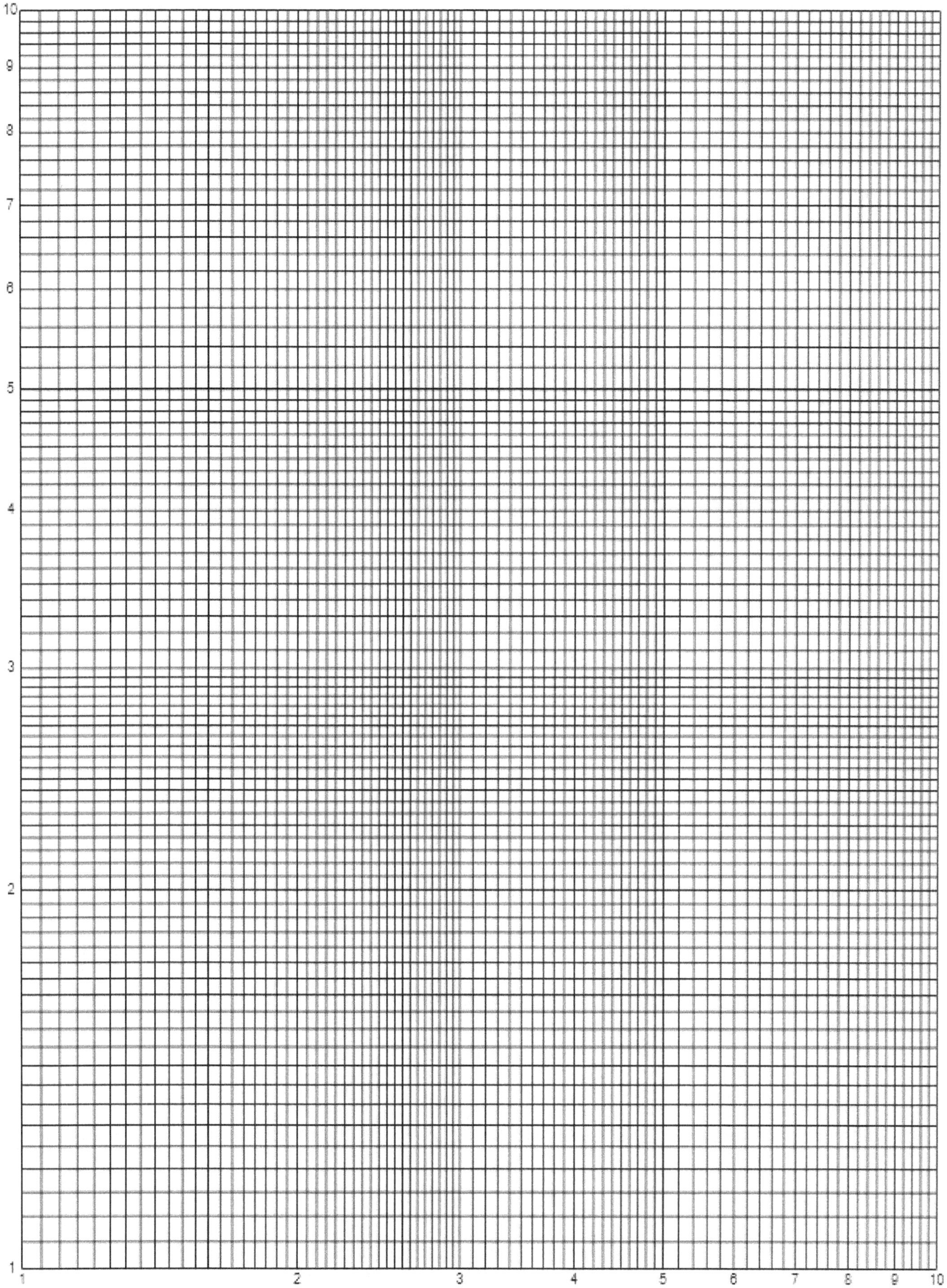
10
9
8
7
6
5
4
3
2
1
1
2
3
4
5
6
7
8
9
10

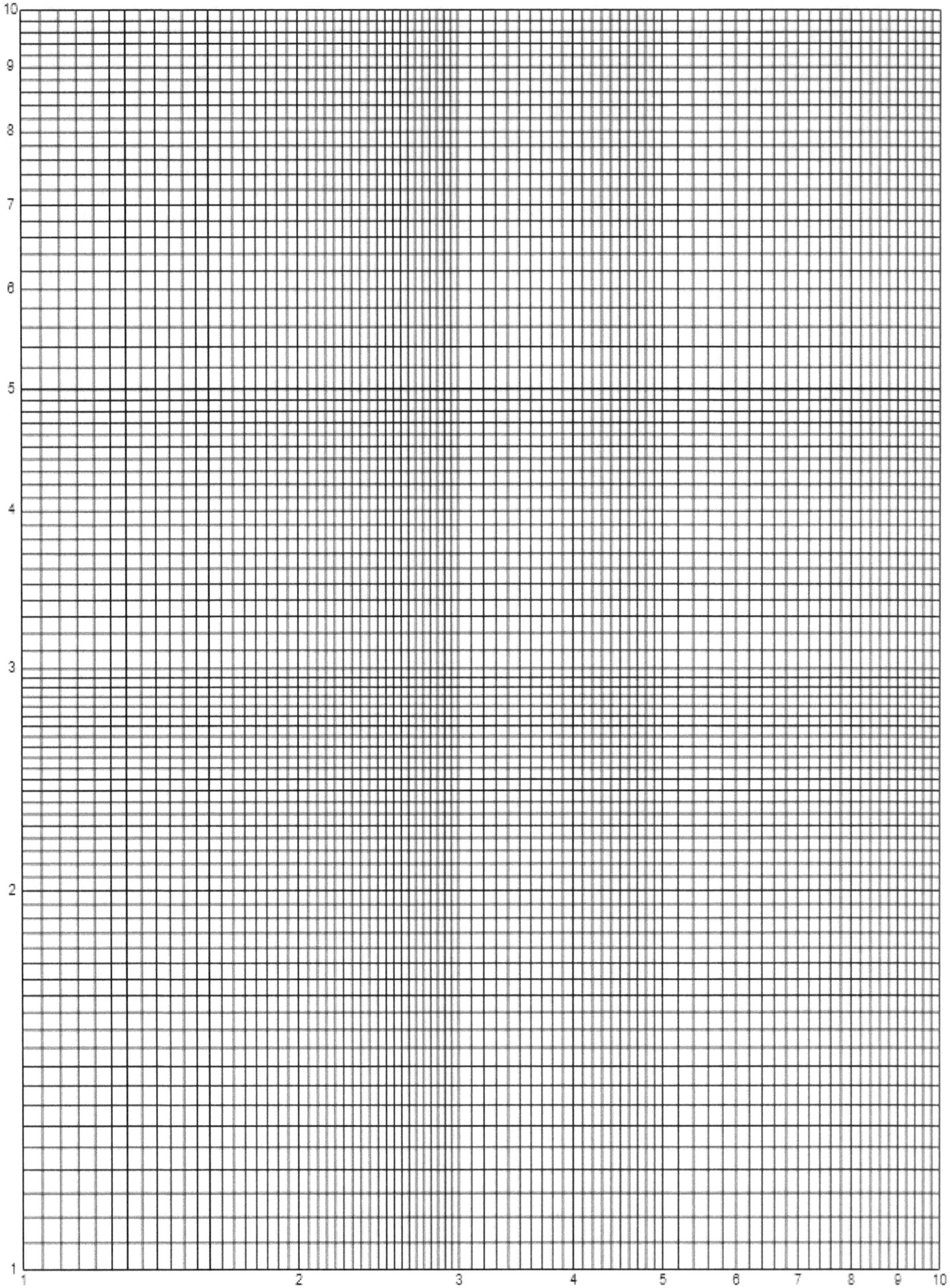

10
9
8
7
6
5
4
3
2
1
1
2
3
4
5
6
7
8
9
10

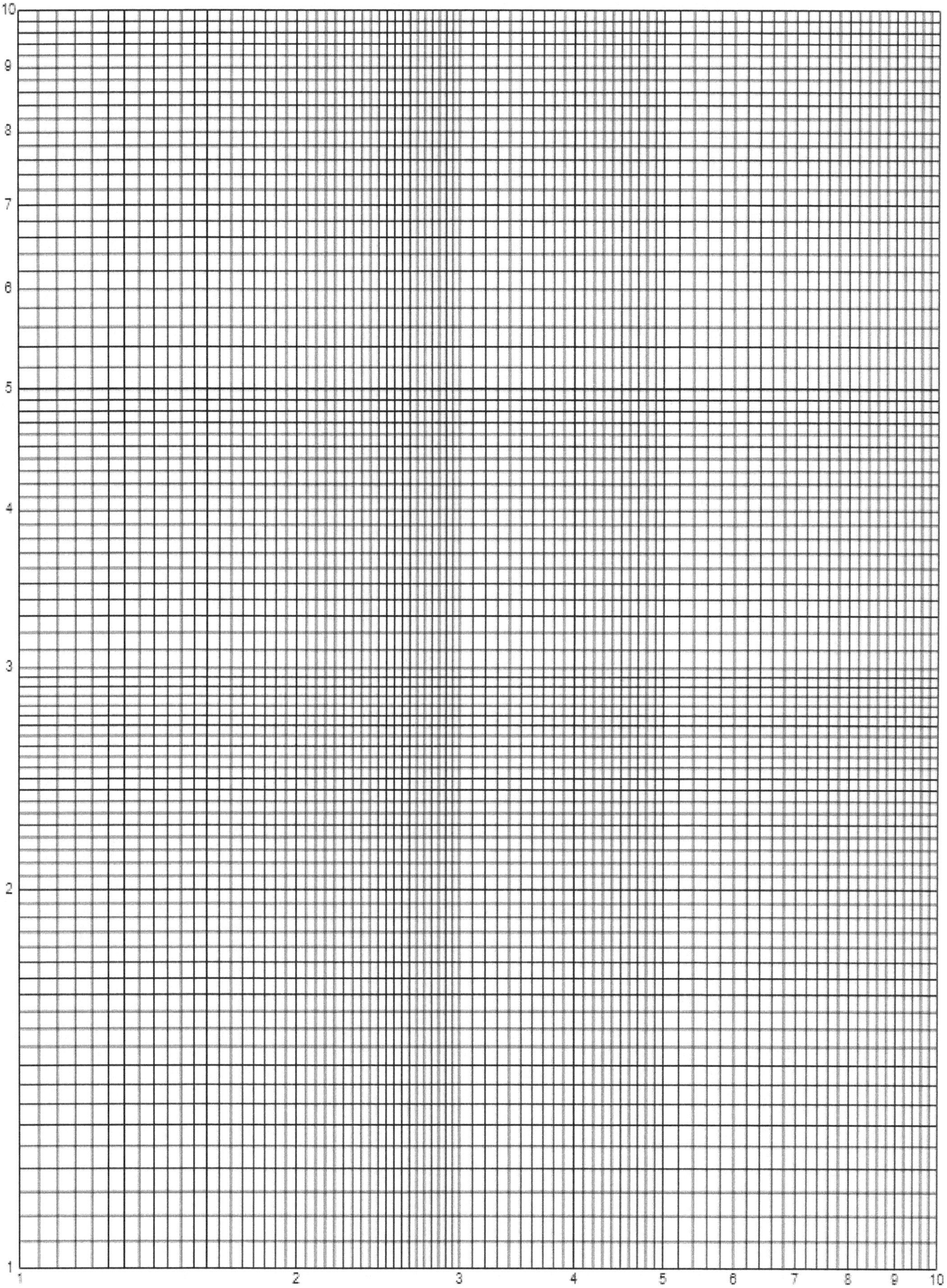
10
9
8
7
6
5
4
3
2
1
1
2
3
4
5
6
7
8
9
10

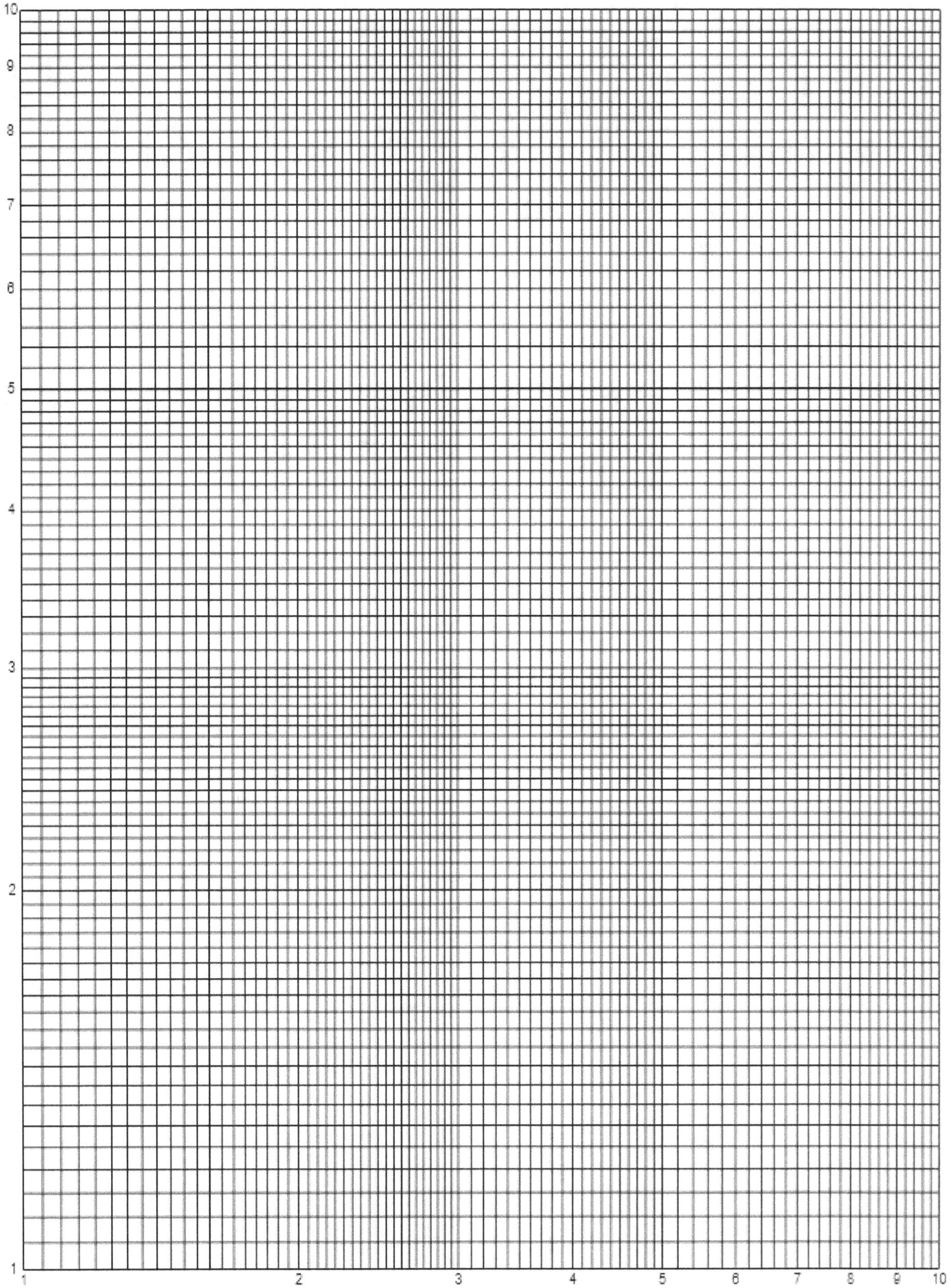
10
9
8
7
6
5
4
3
2
1
1
2
3
4
5
6
7
8
9
10

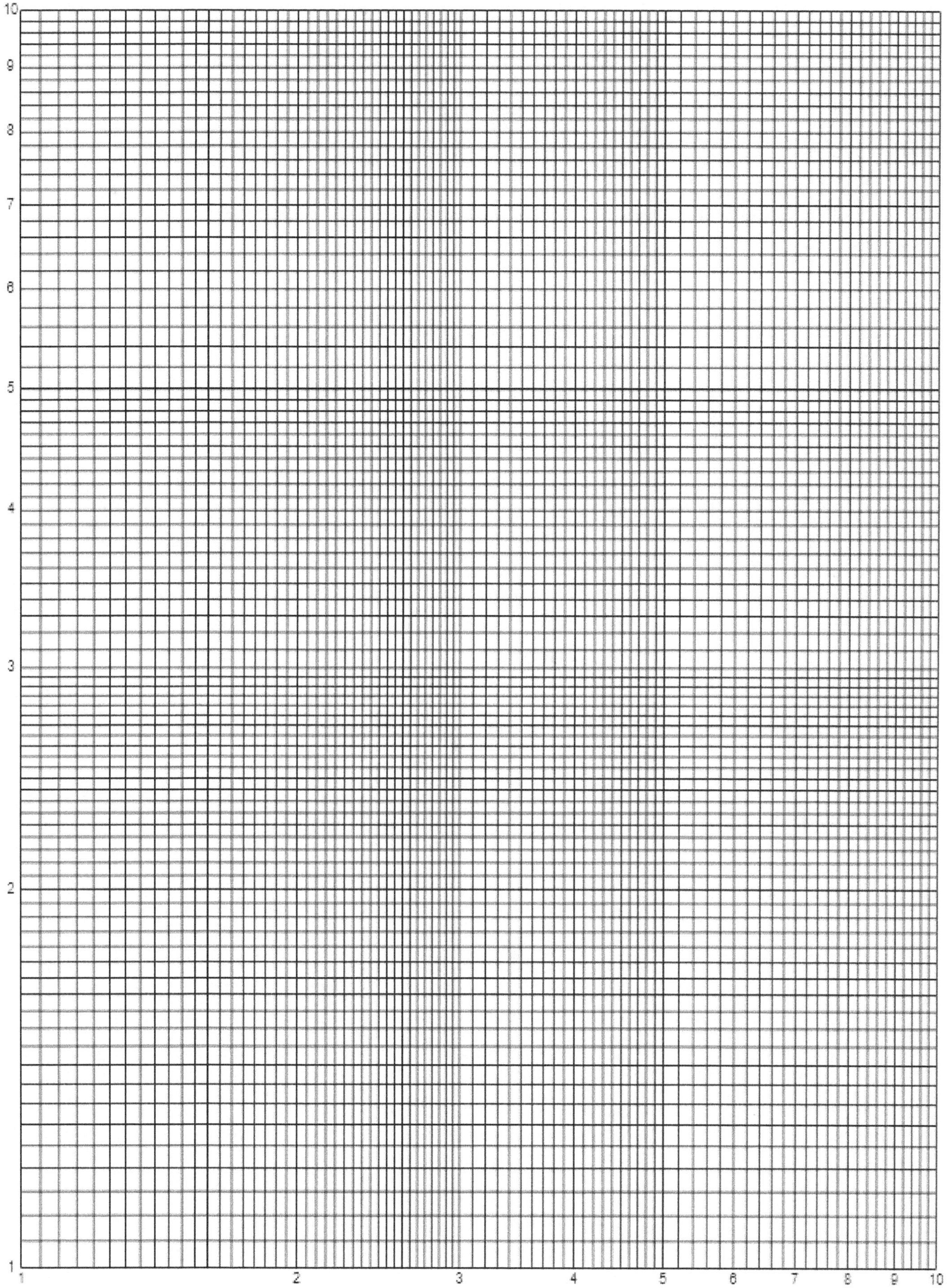
10
9
8
7
6
5
4
3
2
1
1
2
3
4
5
6
7
8
9
10

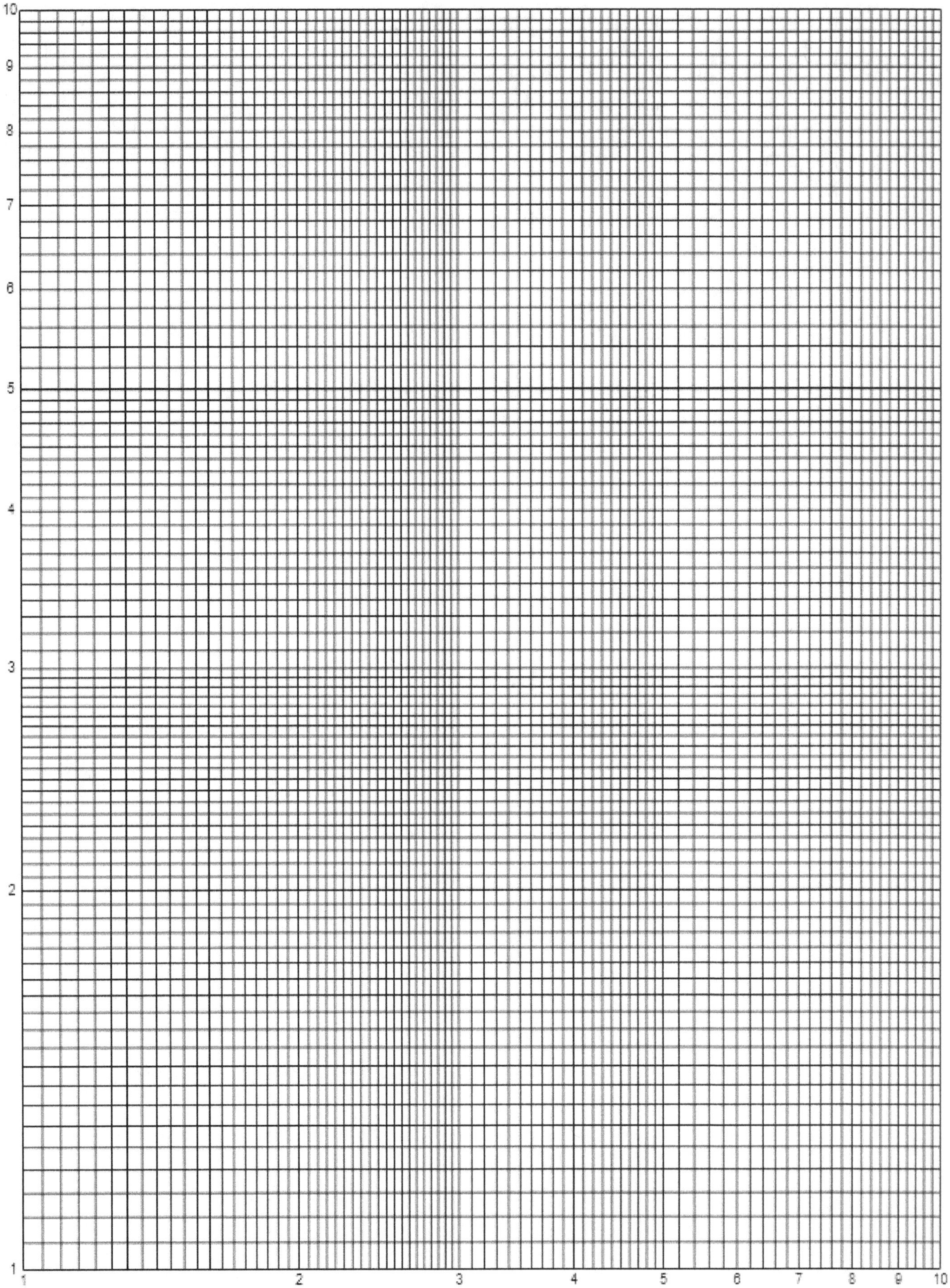
10
9
8
7
6
5
4
3
2
1
1
2
3
4
5
6
7
8
9
10

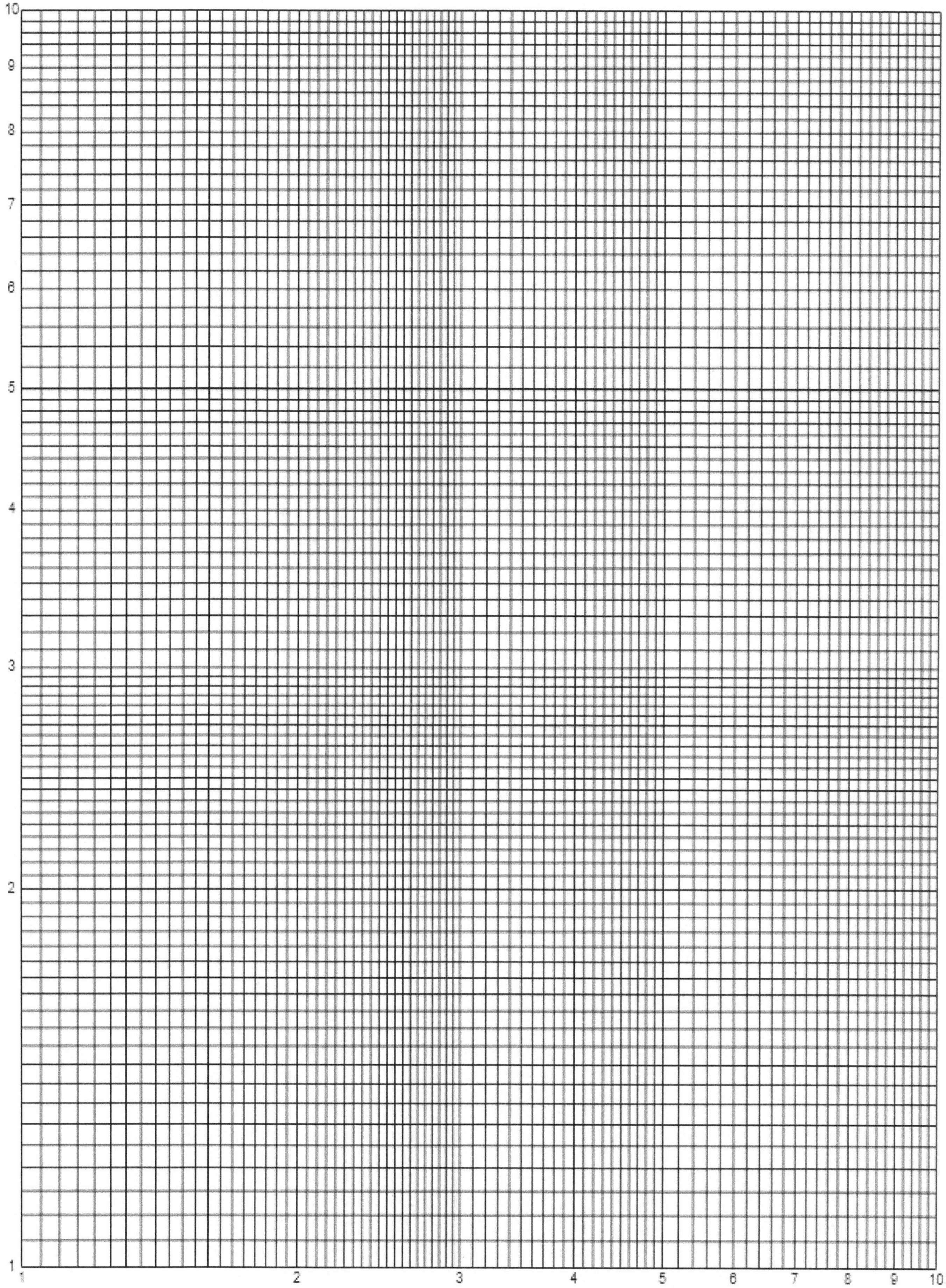
10
9
8
7
6
5
4
3
2
1
1
2
3
4
5
6
7
8
9
10

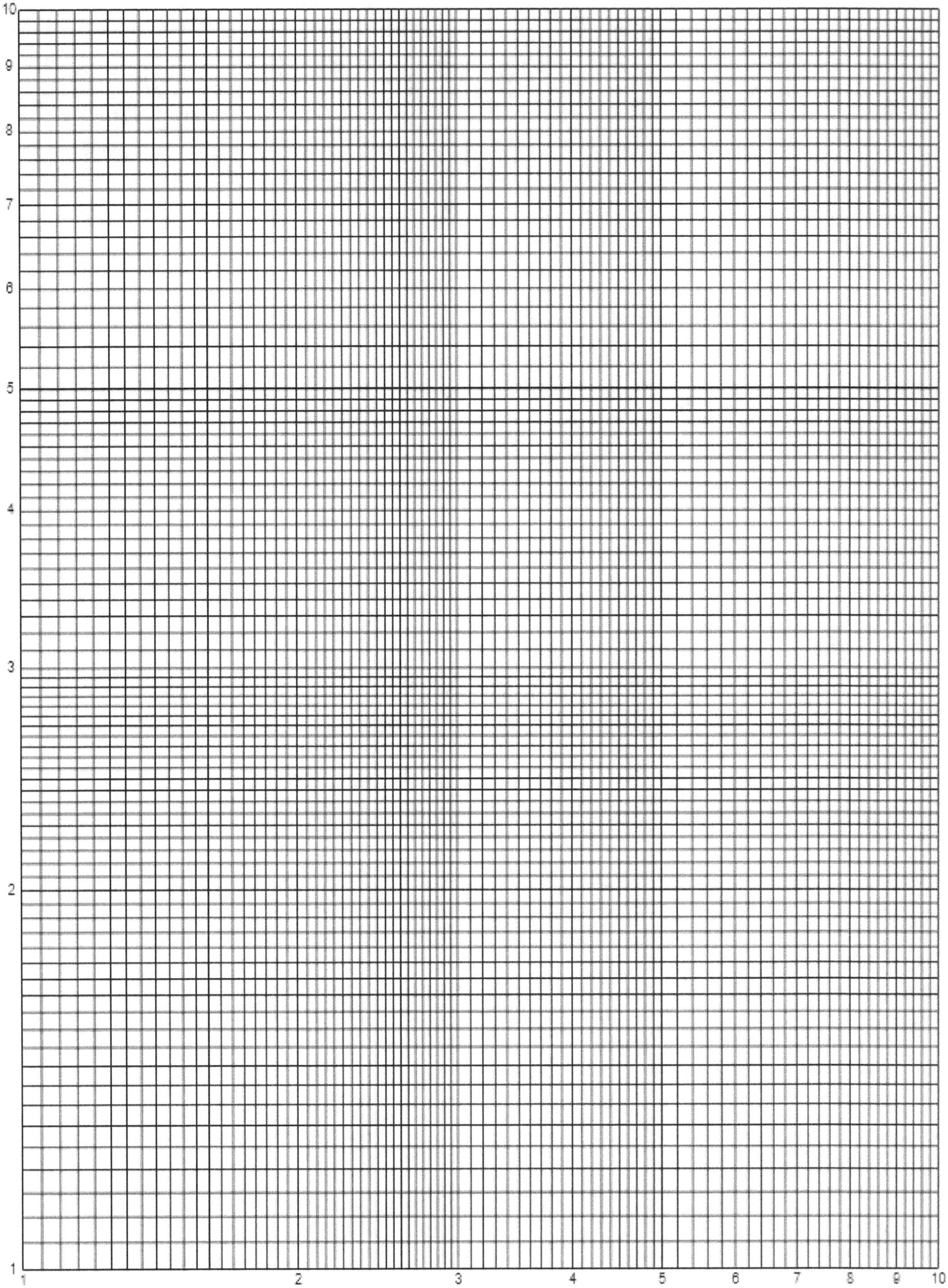
10
9
8
7
6
5
4
3
2
1
1
2
3
4
5
6
7
8
9
10

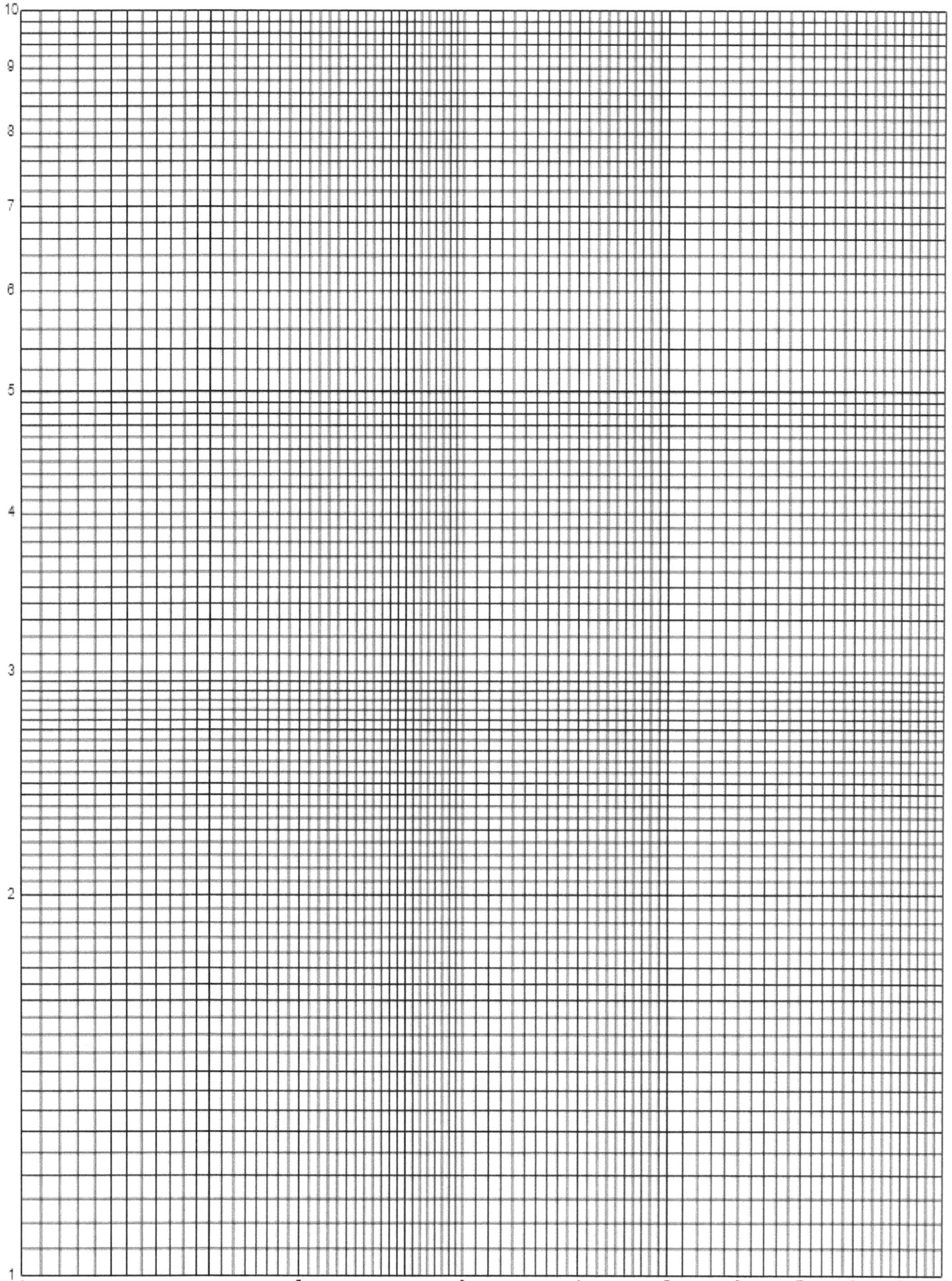
10
9
8
7
6
5
4
3
2
1
1
2
3
4
5
6
7
8
9
10

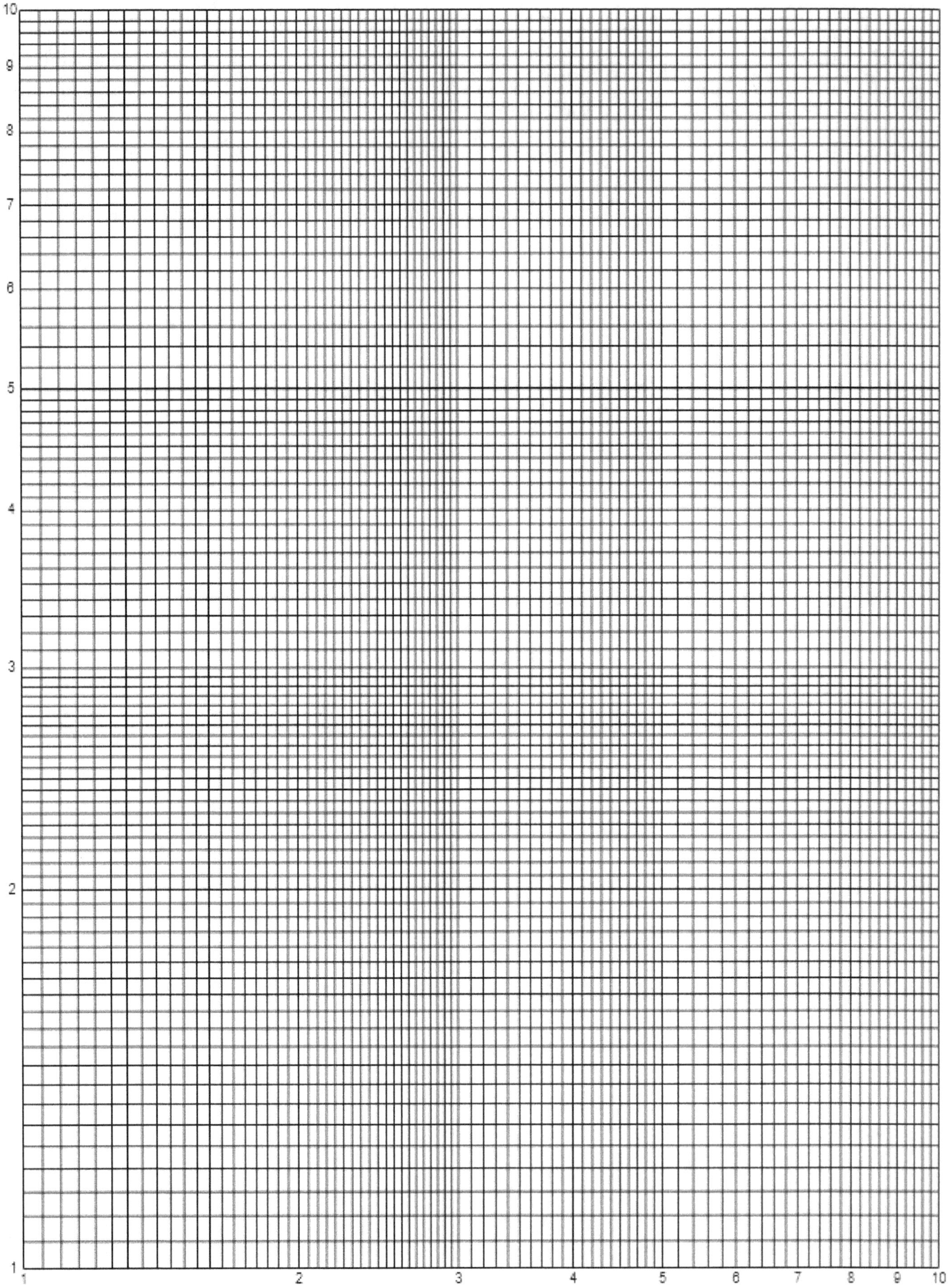
10
9
8
7
6
5
4
3
2
1
1
2
3
4
5
6
7
8
9
10

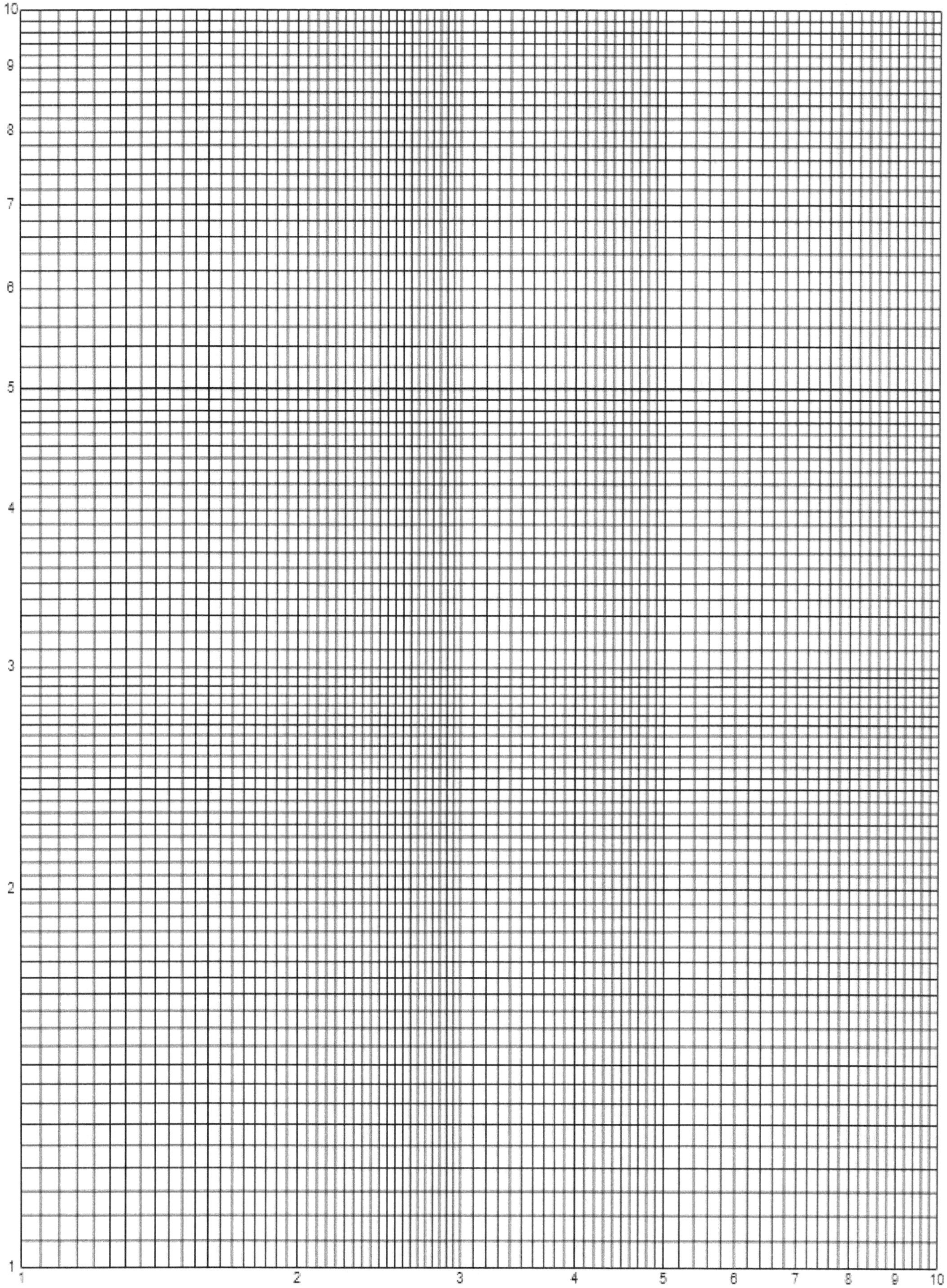
10
9
8
7
6
5
4
3
2
1
1
2
3
4
5
6
7
8
9
10

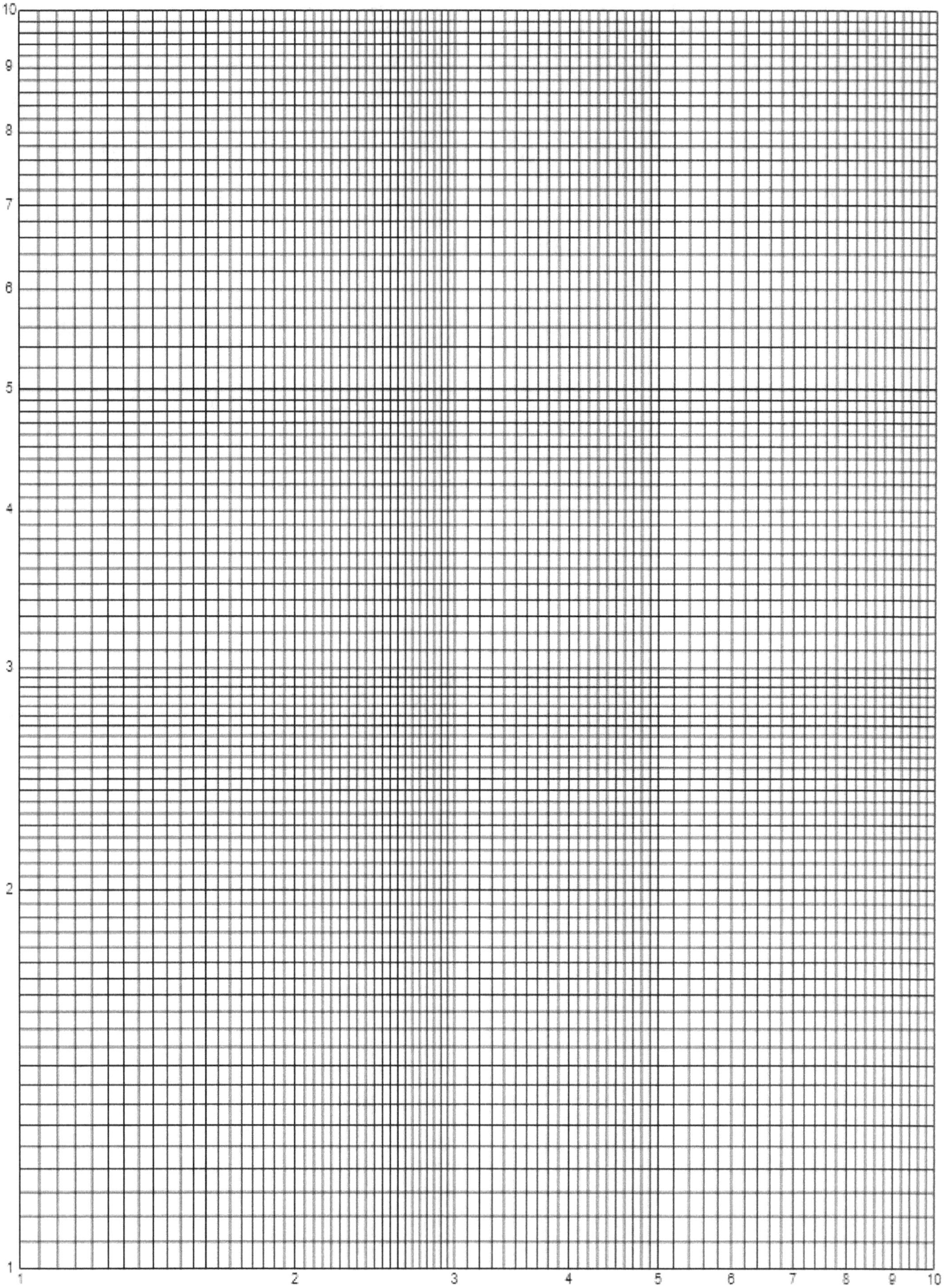
10
9
8
7
6
5
4
3
2
1
1
2
3
4
5
6
7
8
9
10

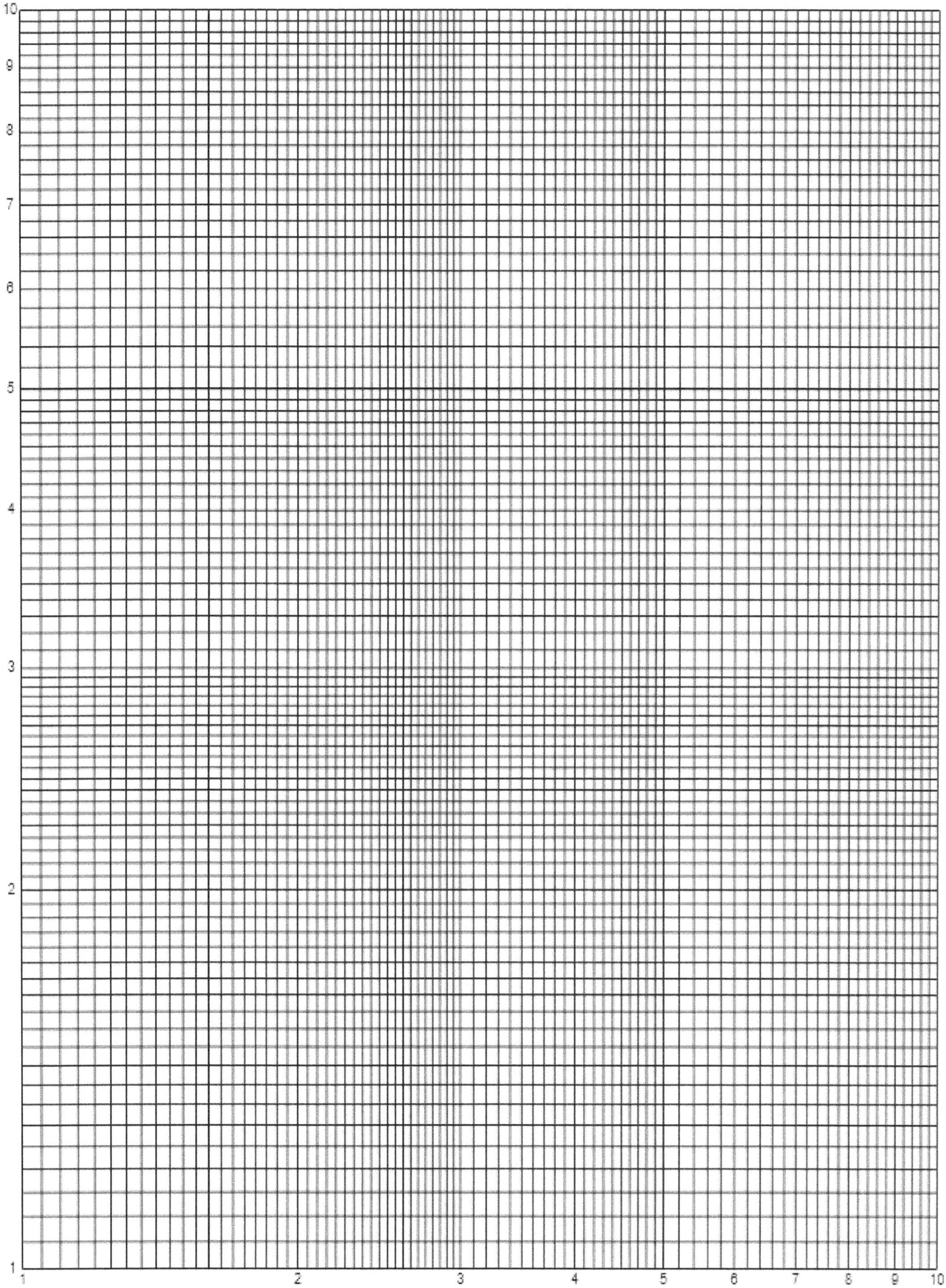

10
9
8
7
6
5
4
3
2
1
1
2
3
4
5
6
7
8
9
10

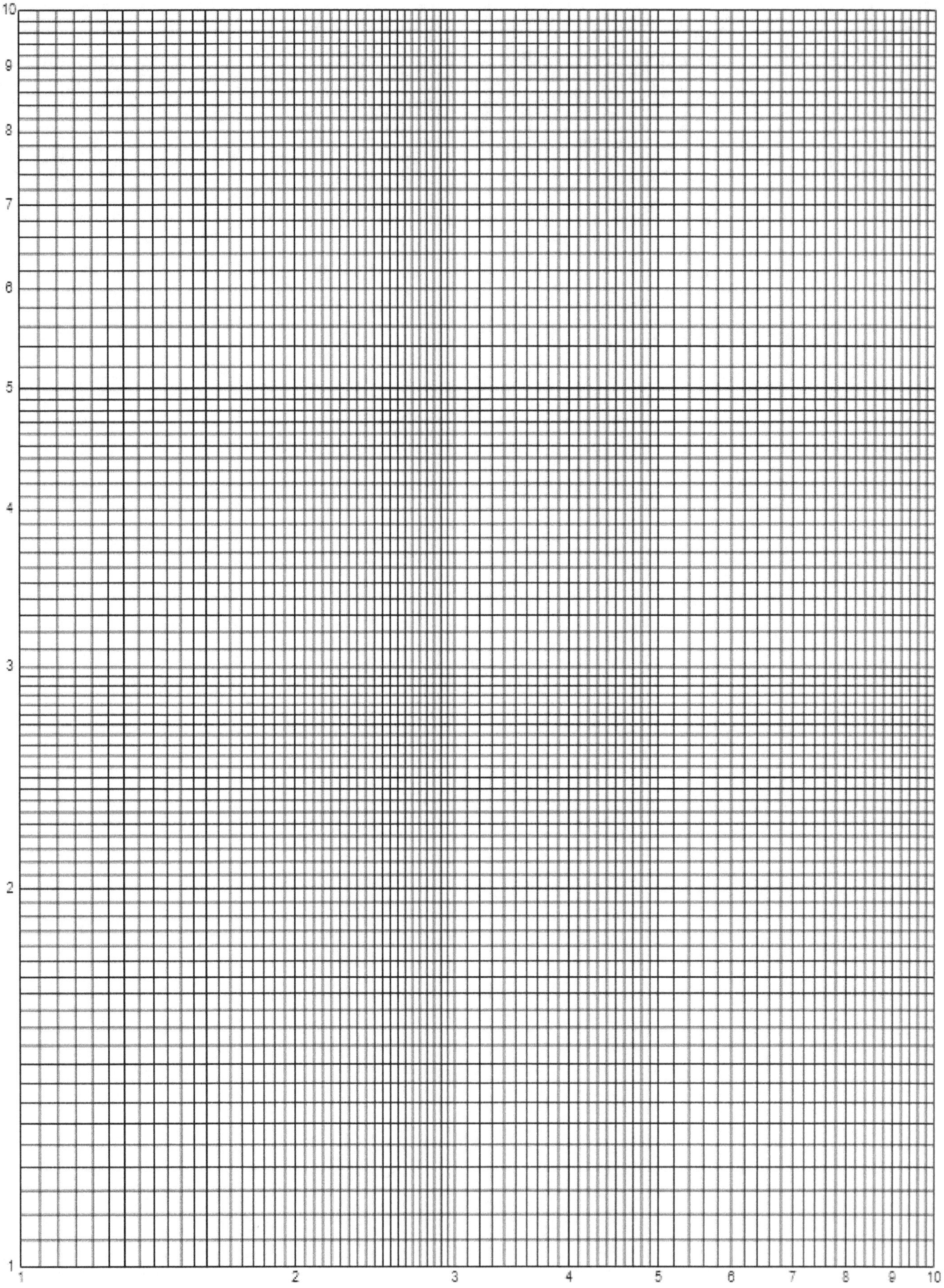
10
9
8
7
6
5
4
3
2
1
1
2
3
4
5
6
7
8
9
10

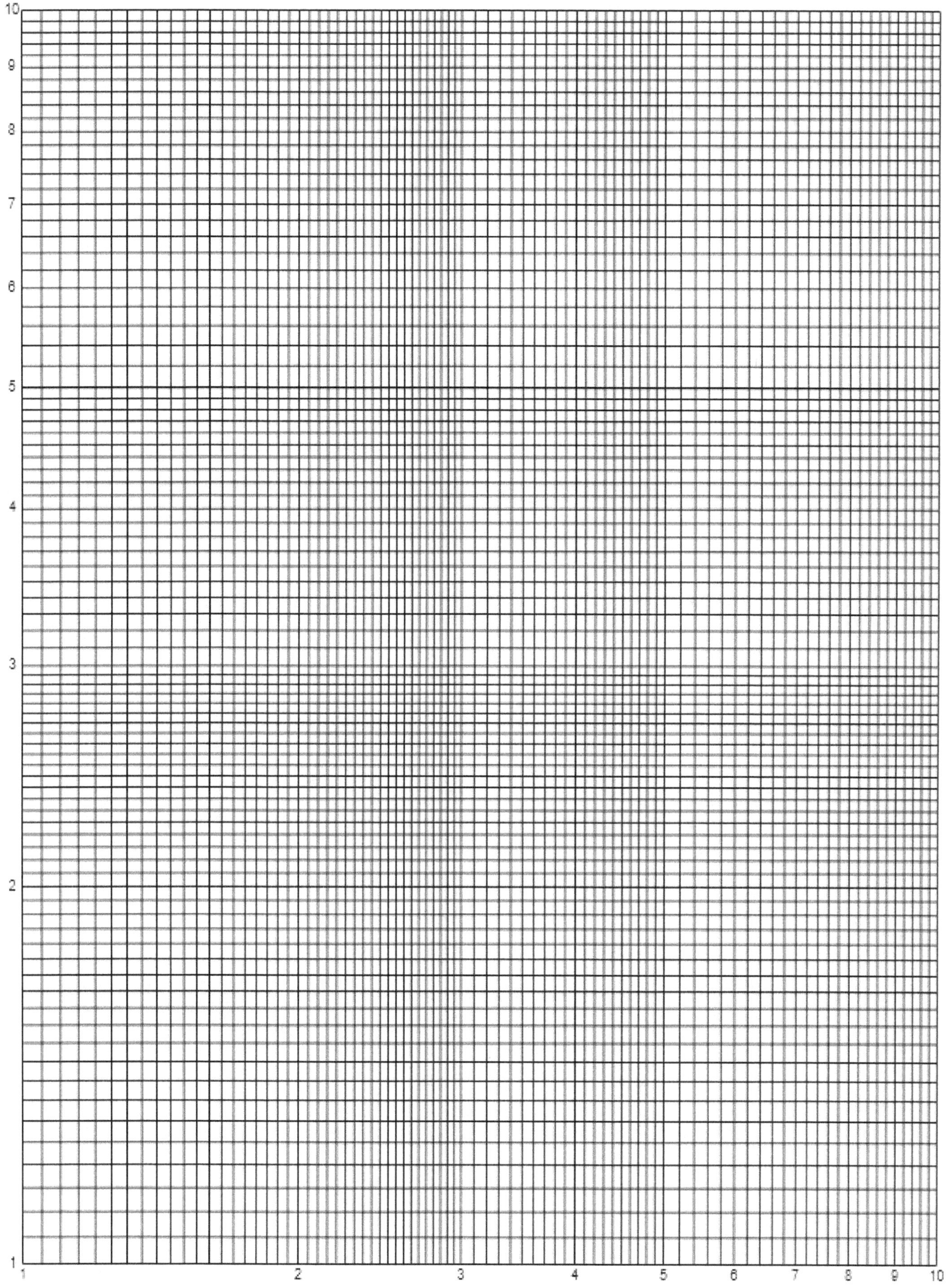
10
9
8
7
6
5
4
3
2
1
1
2
3
4
5
6
7
8
9
10

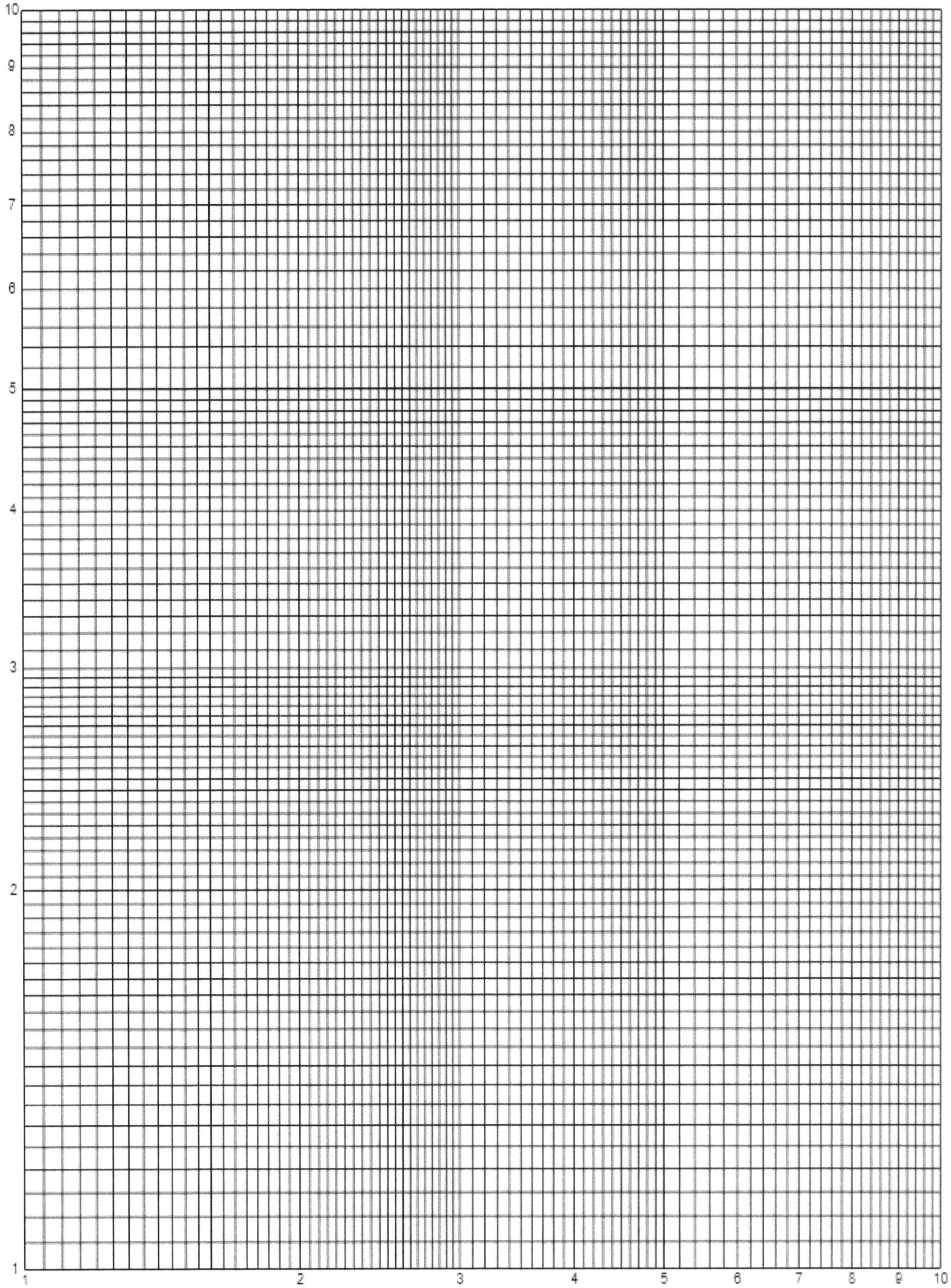
10
9
8
7
6
5
4
3
2
1
1
2
3
4
5
6
7
8
9
10

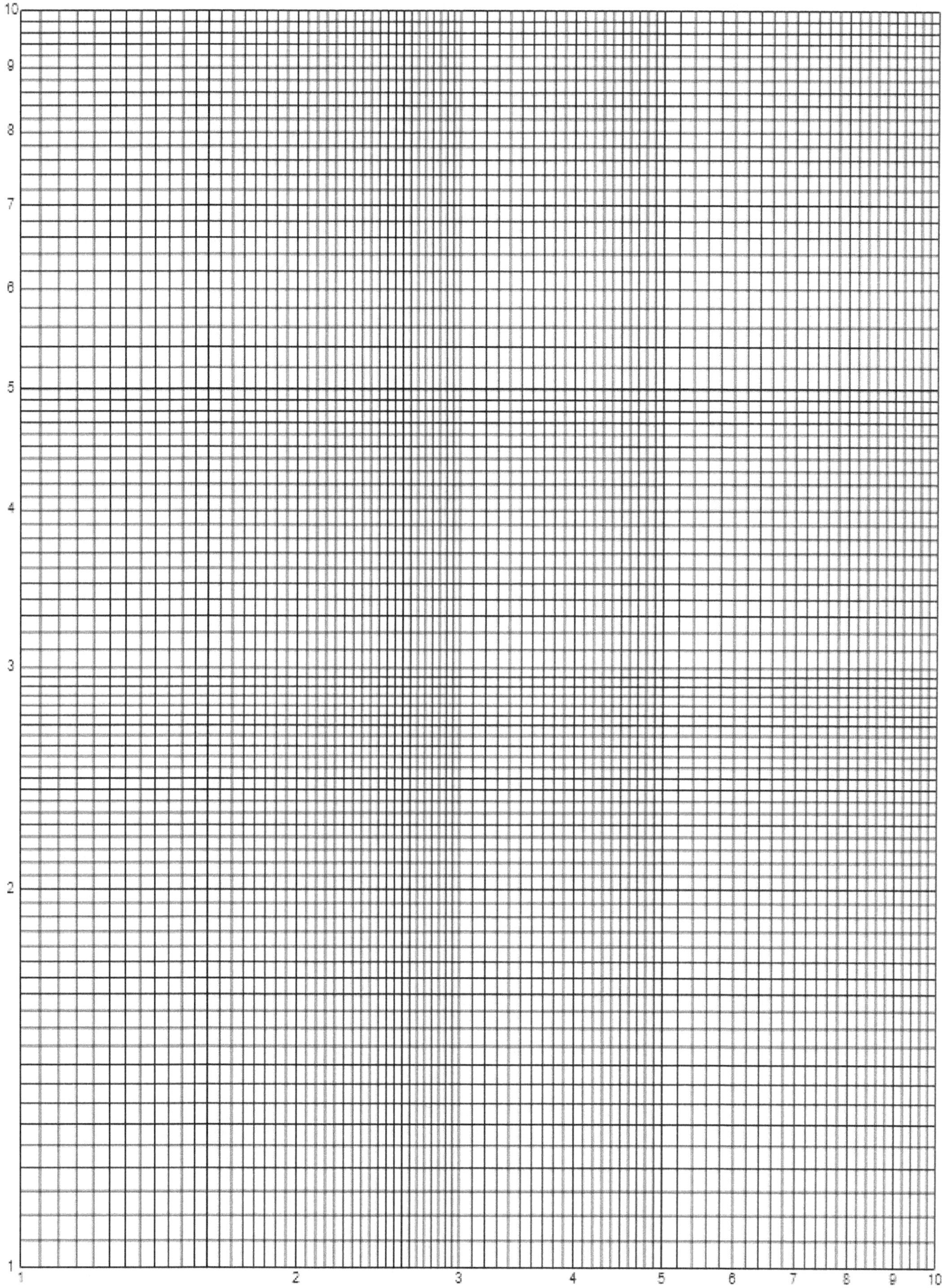
10
9
8
7
6
5
4
3
2
1
1
2
3
4
5
6
7
8
9
10

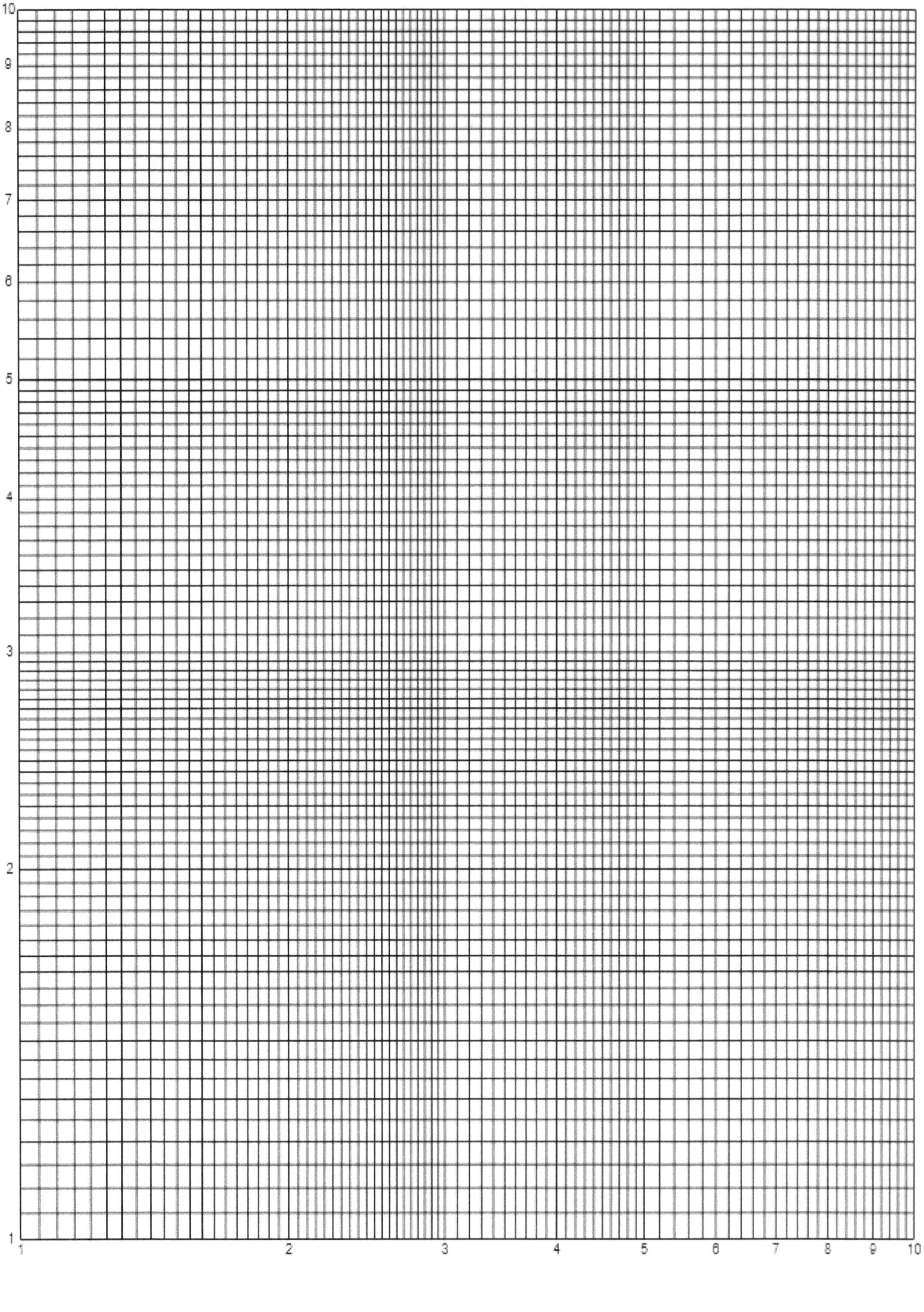
10
9
8
7
6
5
4
3
2
1
1
2
3
4
5
6
7
8
9
10

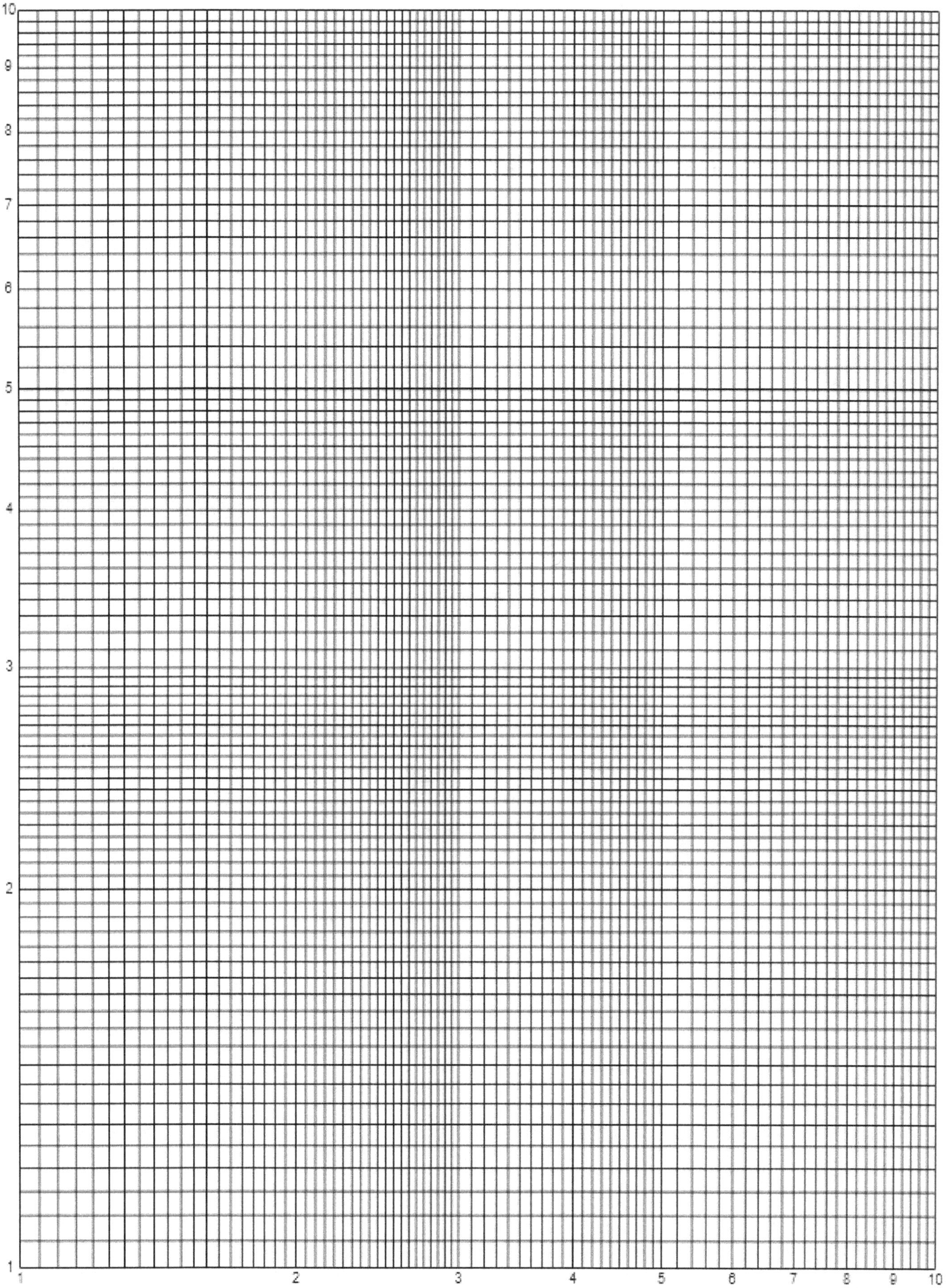
10
9
8
7
6
5
4
3
2
1
1
2
3
4
5
6
7
8
9
10

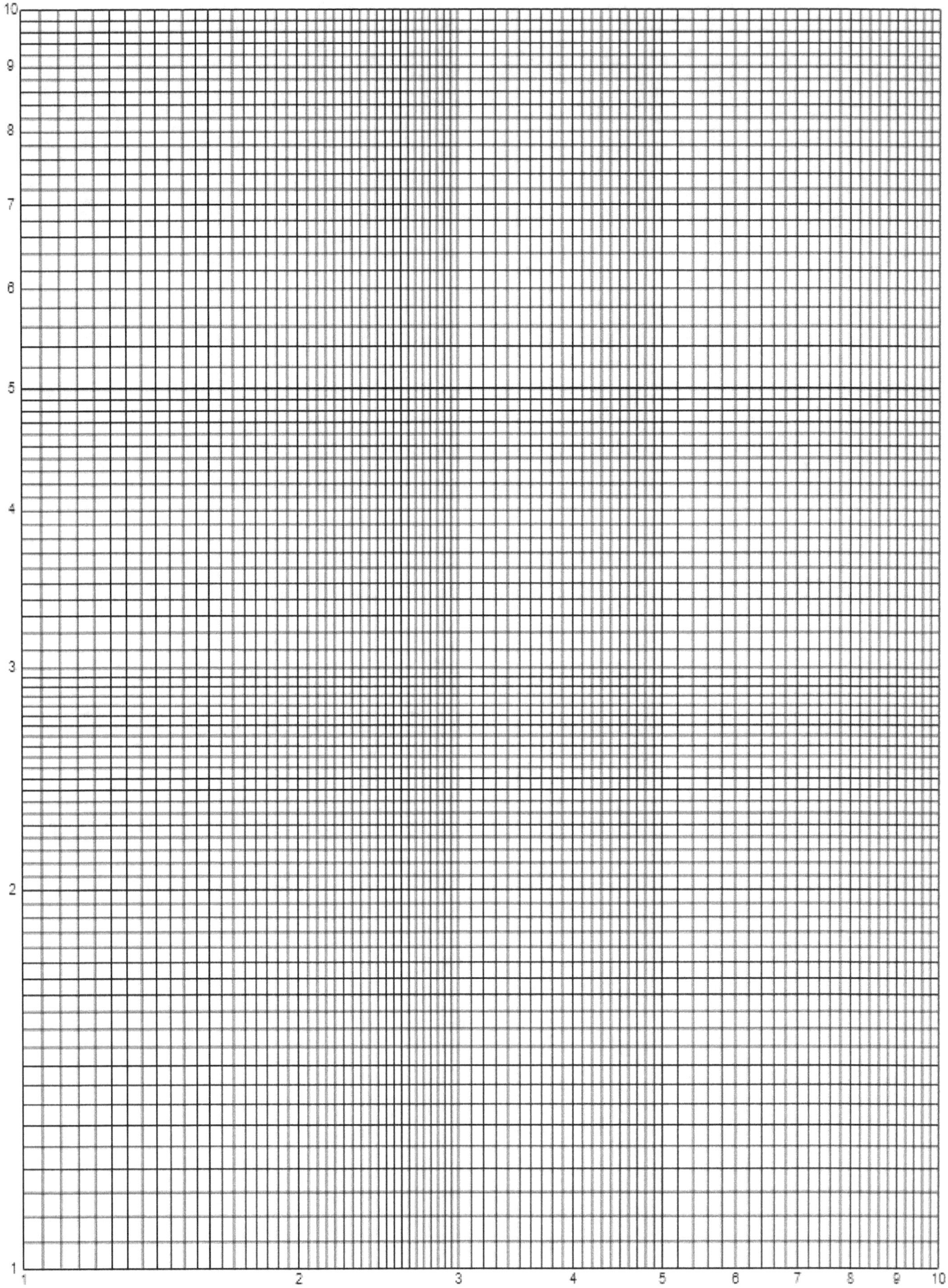
10
9
8
7
6
5
4
3
2
1
1
2
3
4
5
6
7
8
9
10

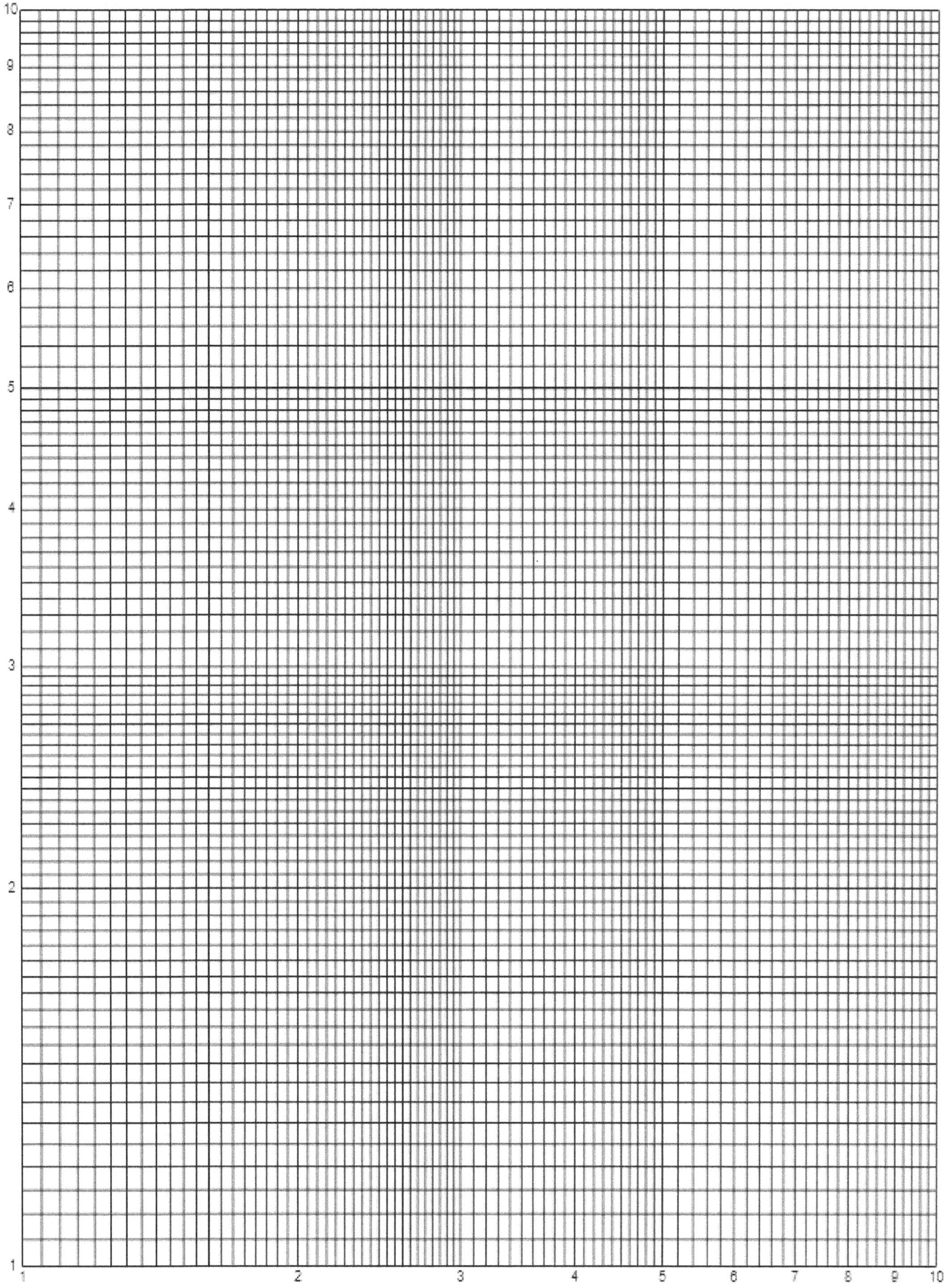
10
9
8
7
6
5
4
3
2
1
1
2
3
4
5
6
7
8
9
10

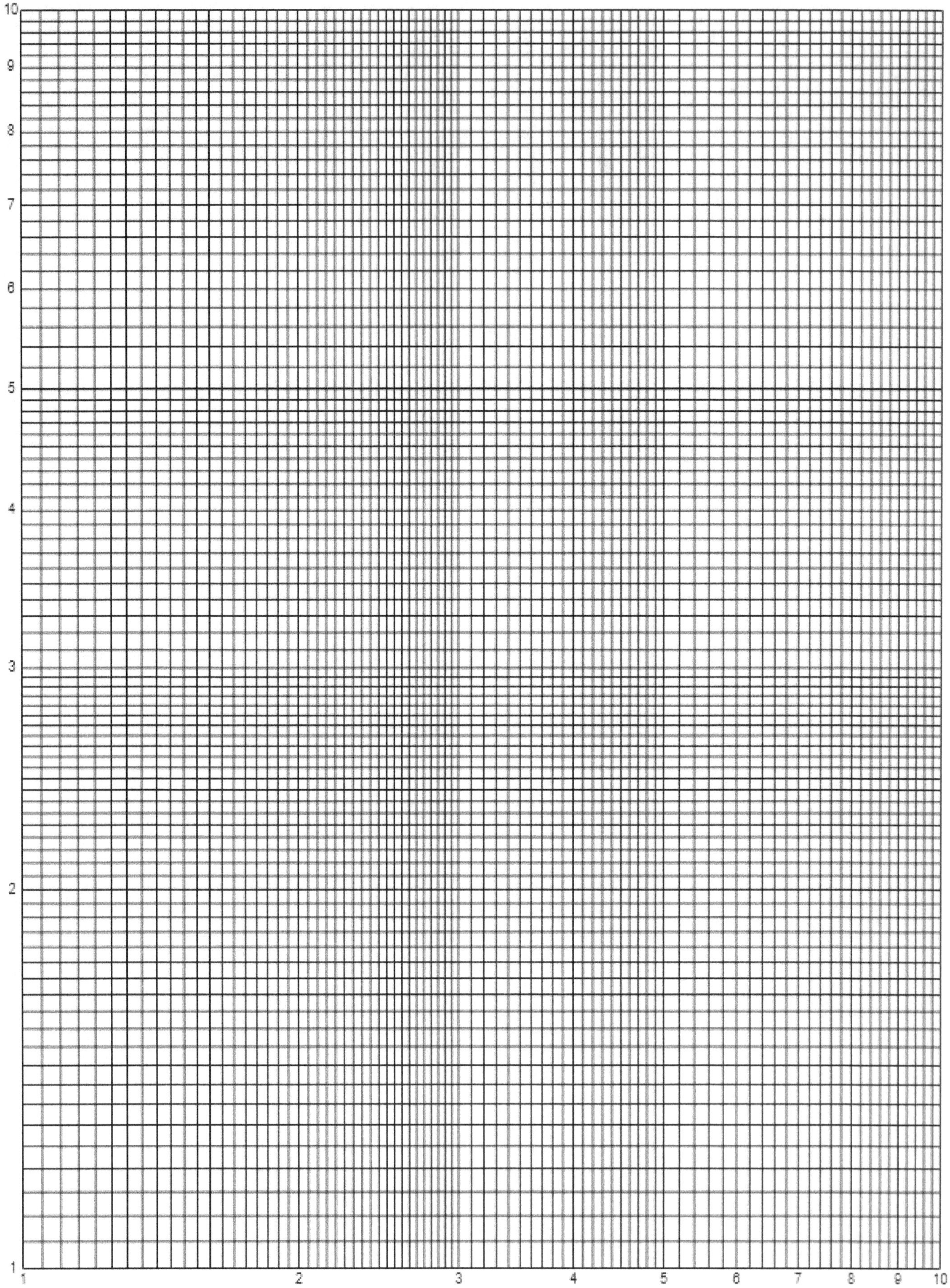
10
9
8
7
6
5
4
3
2
1
1
2
3
4
5
6
7
8
9
10

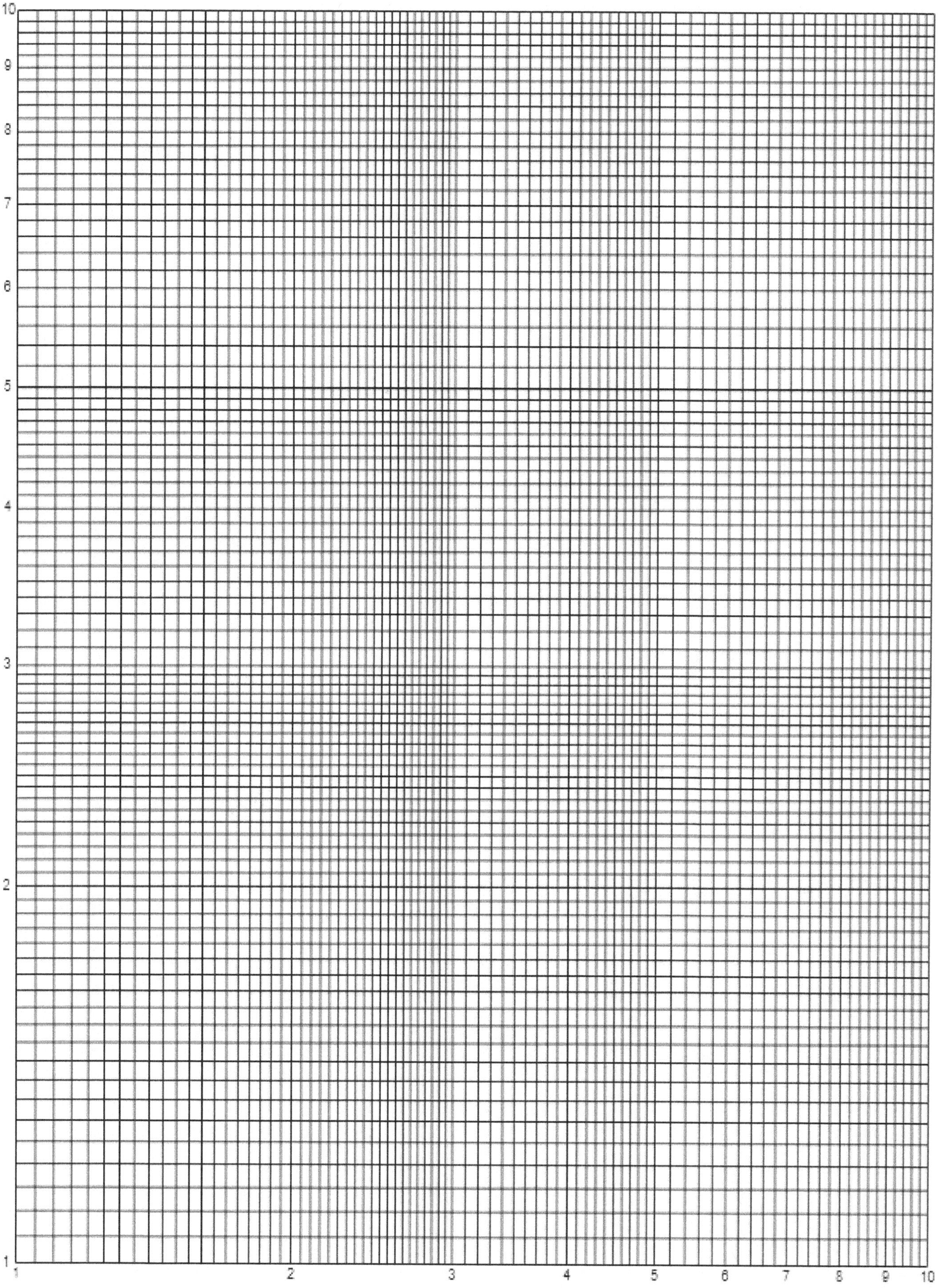
10
9
8
7
6
5
4
3
2
1
1
2
3
4
5
6
7
8
9
10

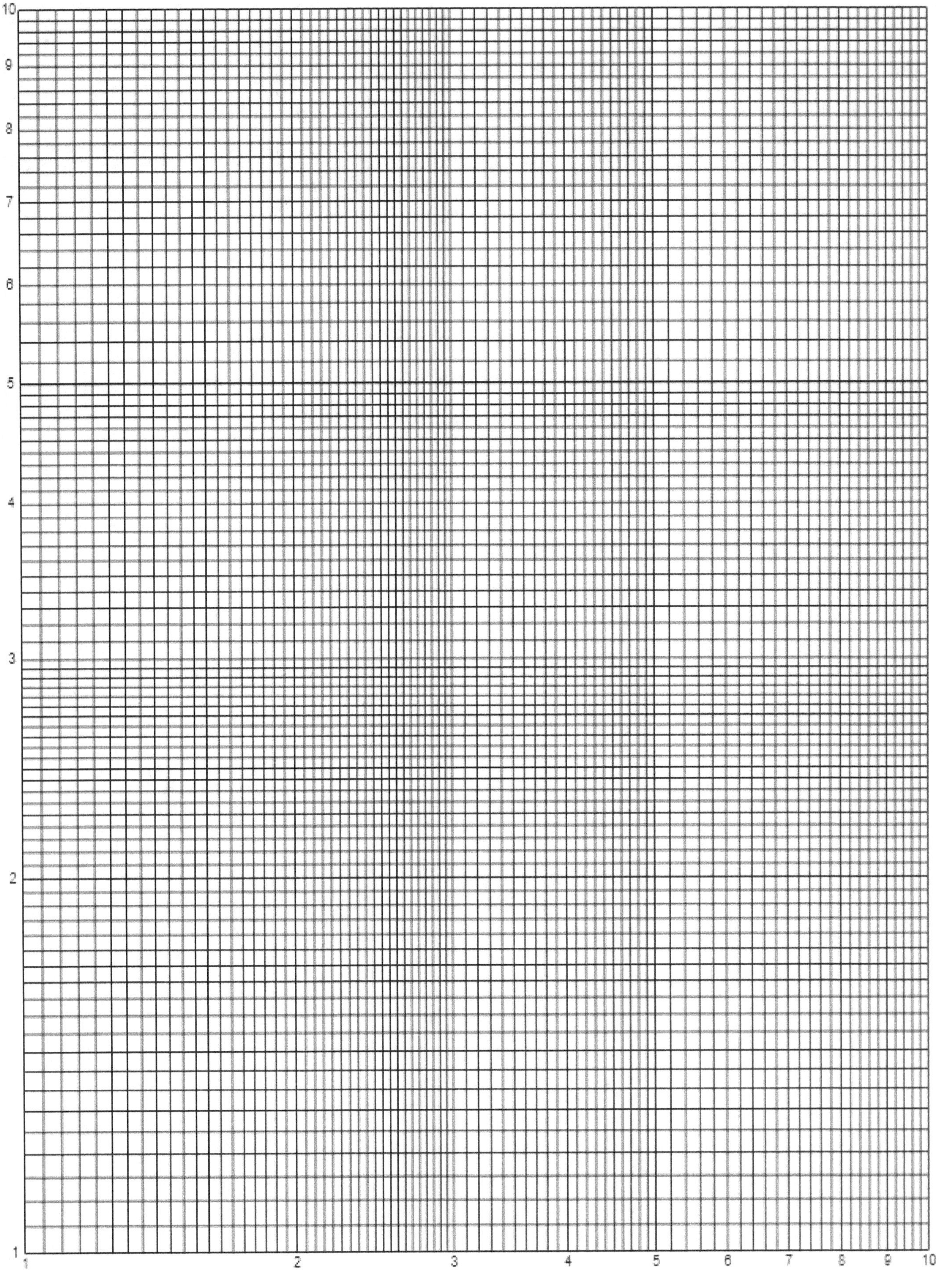
10
9
8
7
6
5
4
3
2
1
1
2
3
4
5
6
7
8
9
10

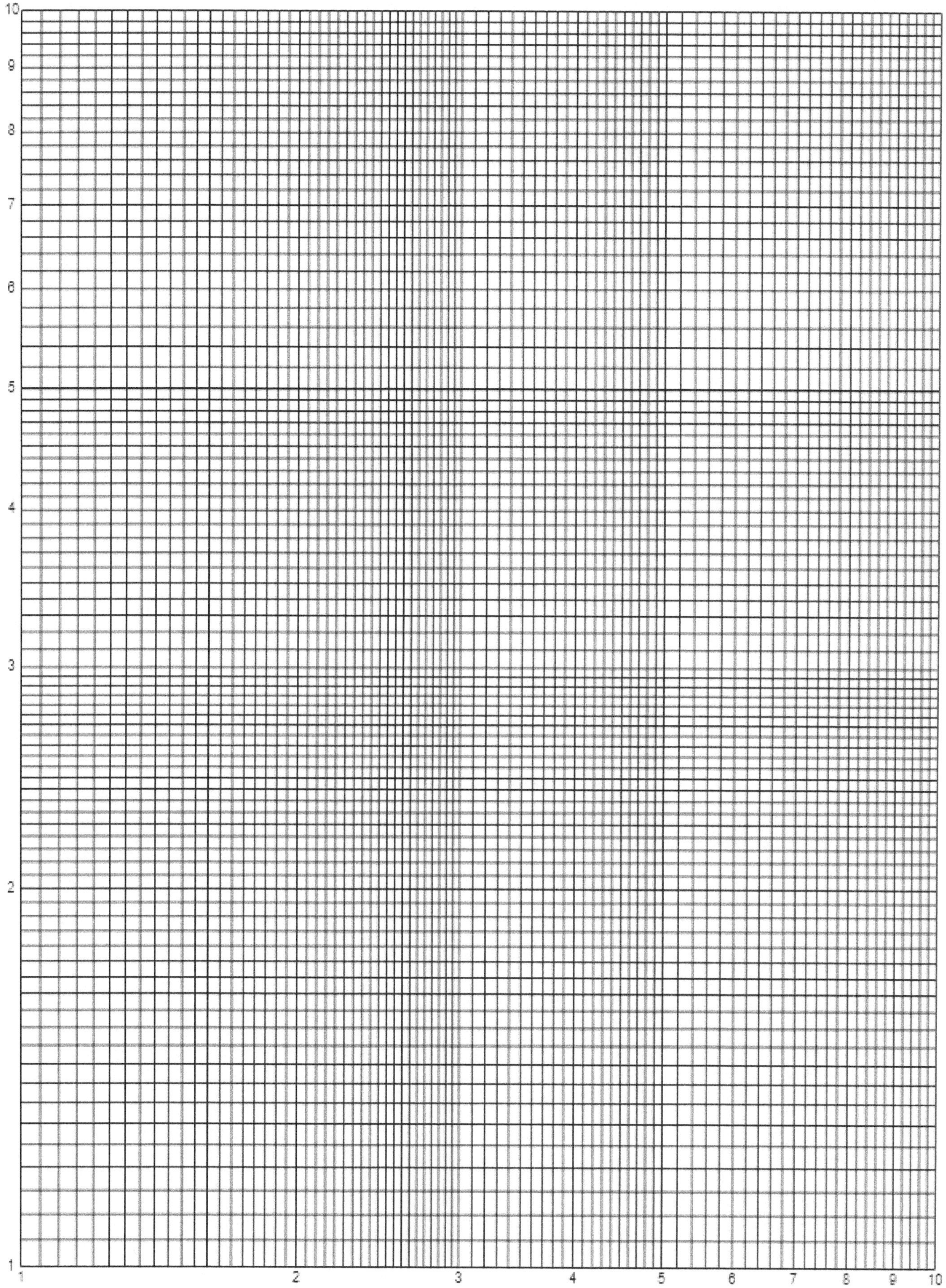

10
9
8
7
6
5
4
3
2
1
1
2
3
4
5
6
7
8
9
10

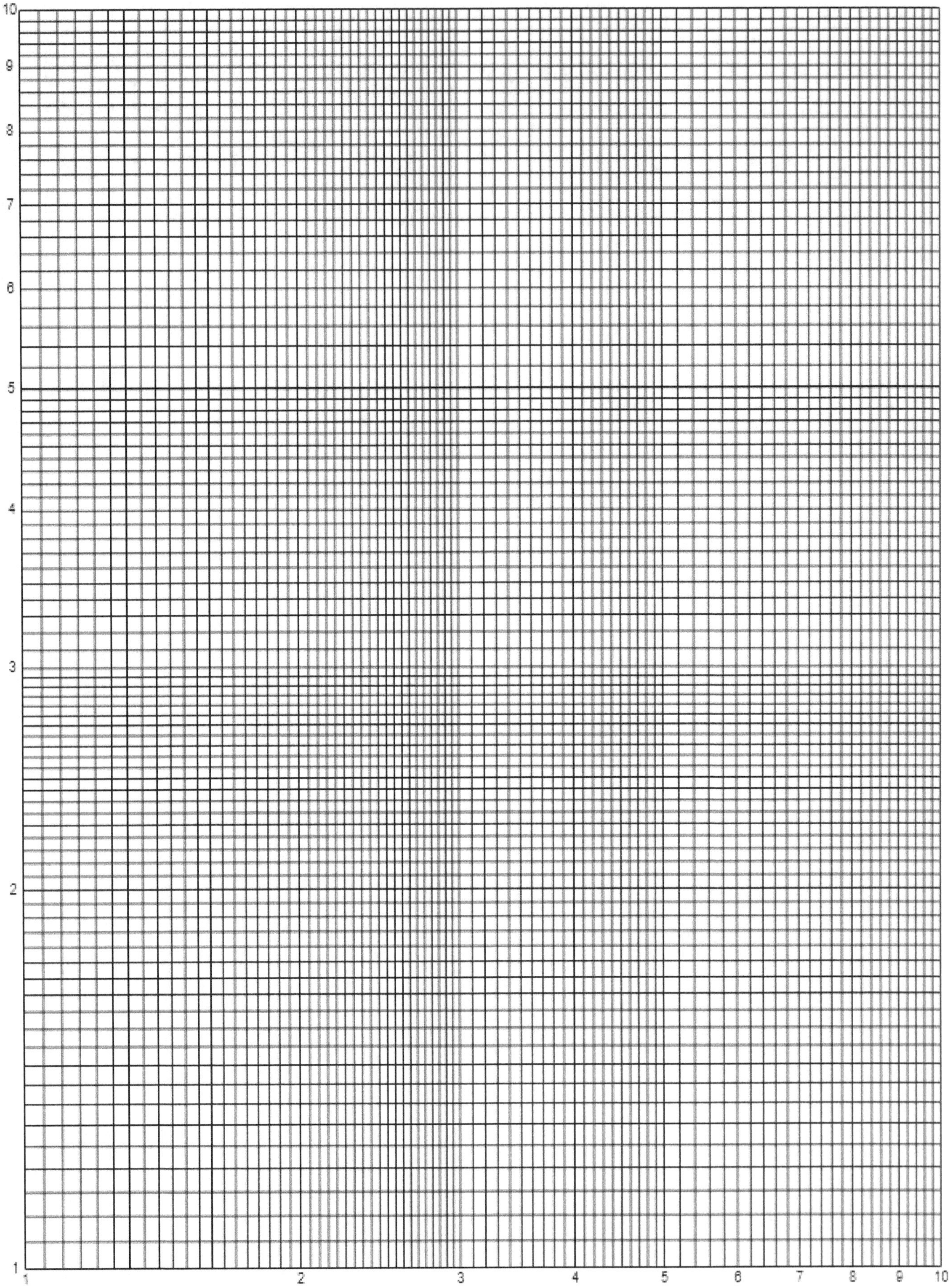
10
9
8
7
6
5
4
3
2
1
1
2
3
4
5
6
7
8
9
10

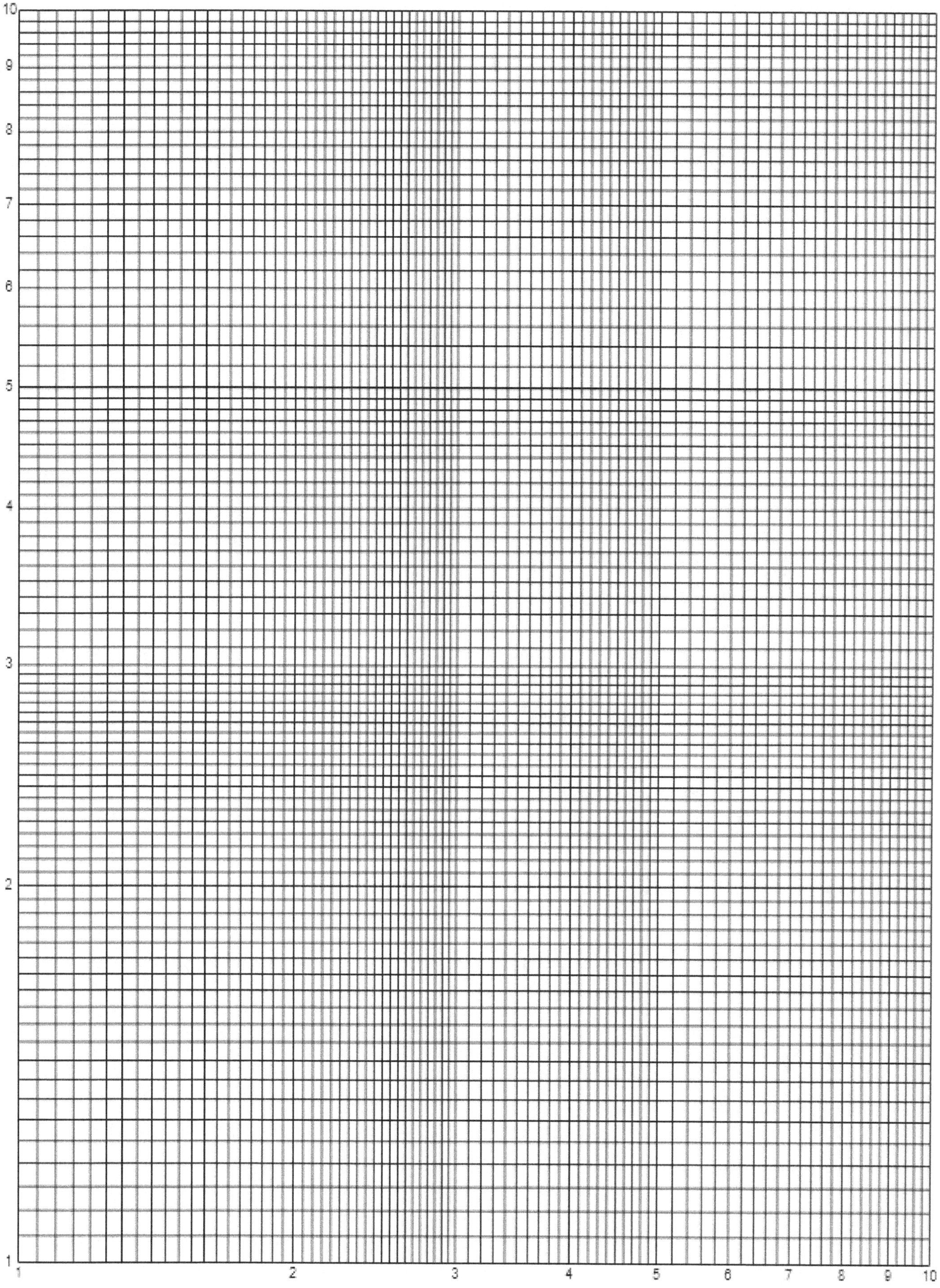

10
9
8
7
6
5
4
3
2
1
1
2
3
4
5
6
7
8
9
10

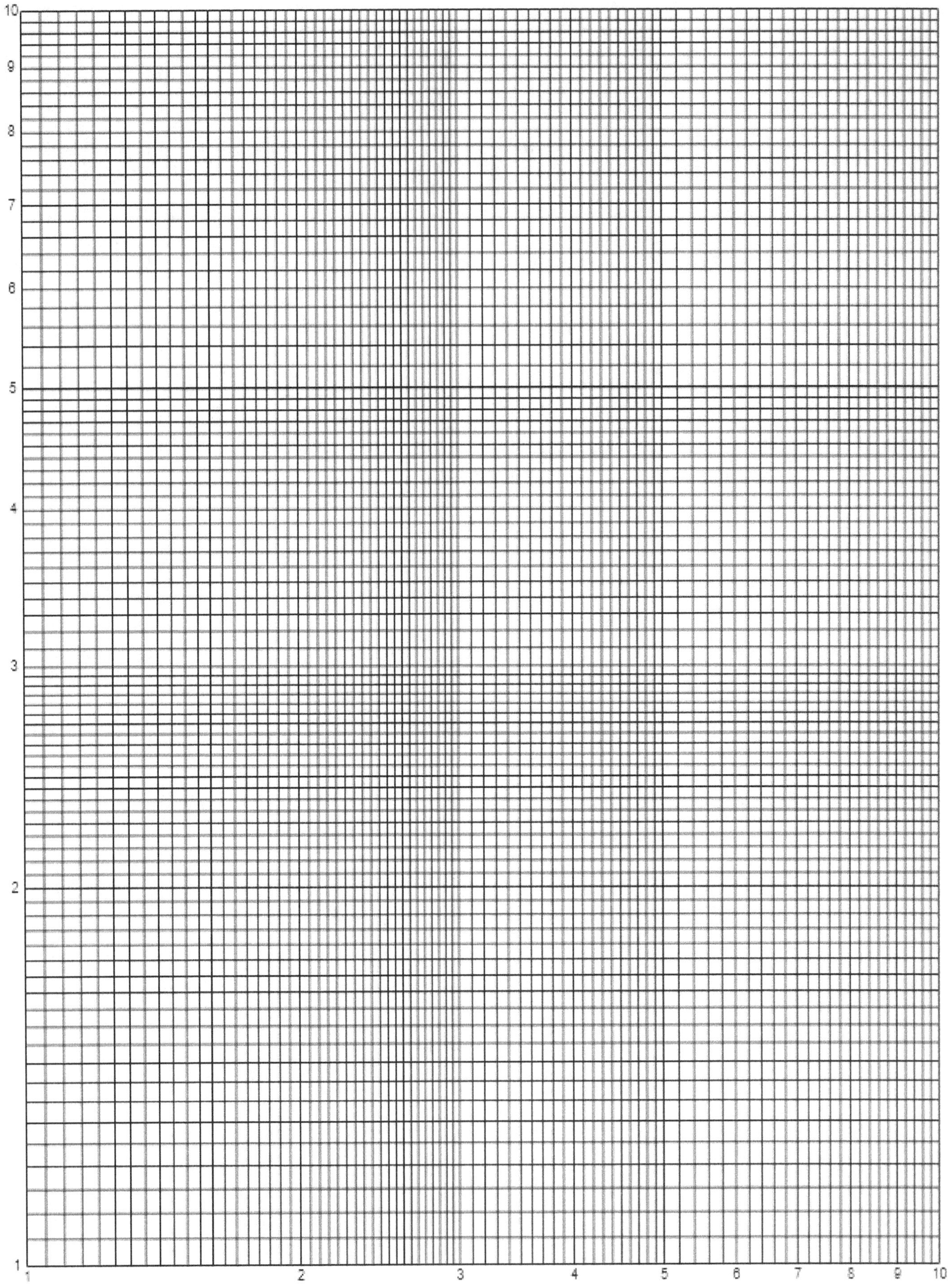
10
9
8
7
6
5
4
3
2
1
1
2
3
4
5
6
7
8
9
10

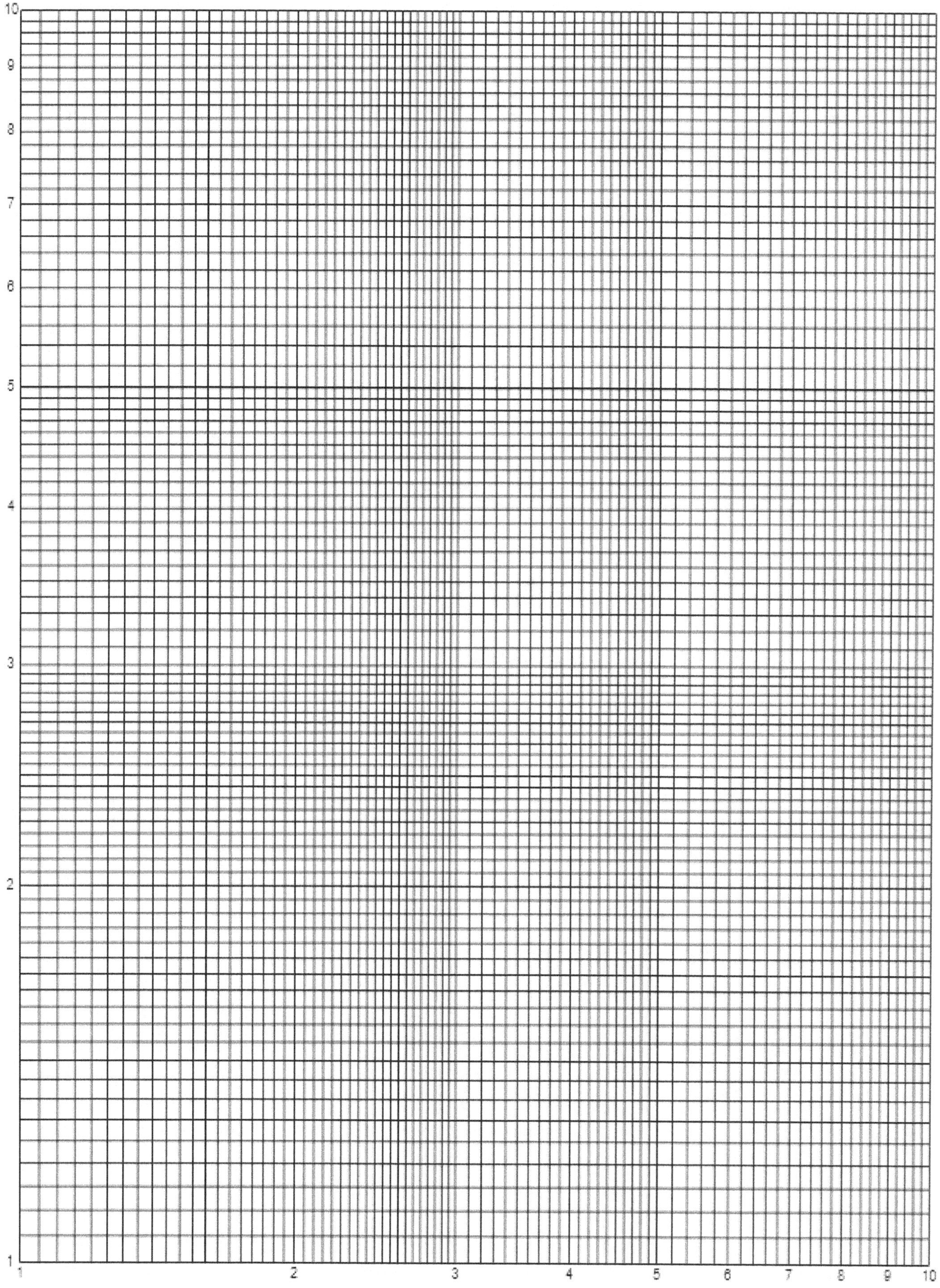
10
9
8
7
6
5
4
3
2
1
1
2
3
4
5
6
7
8
9
10

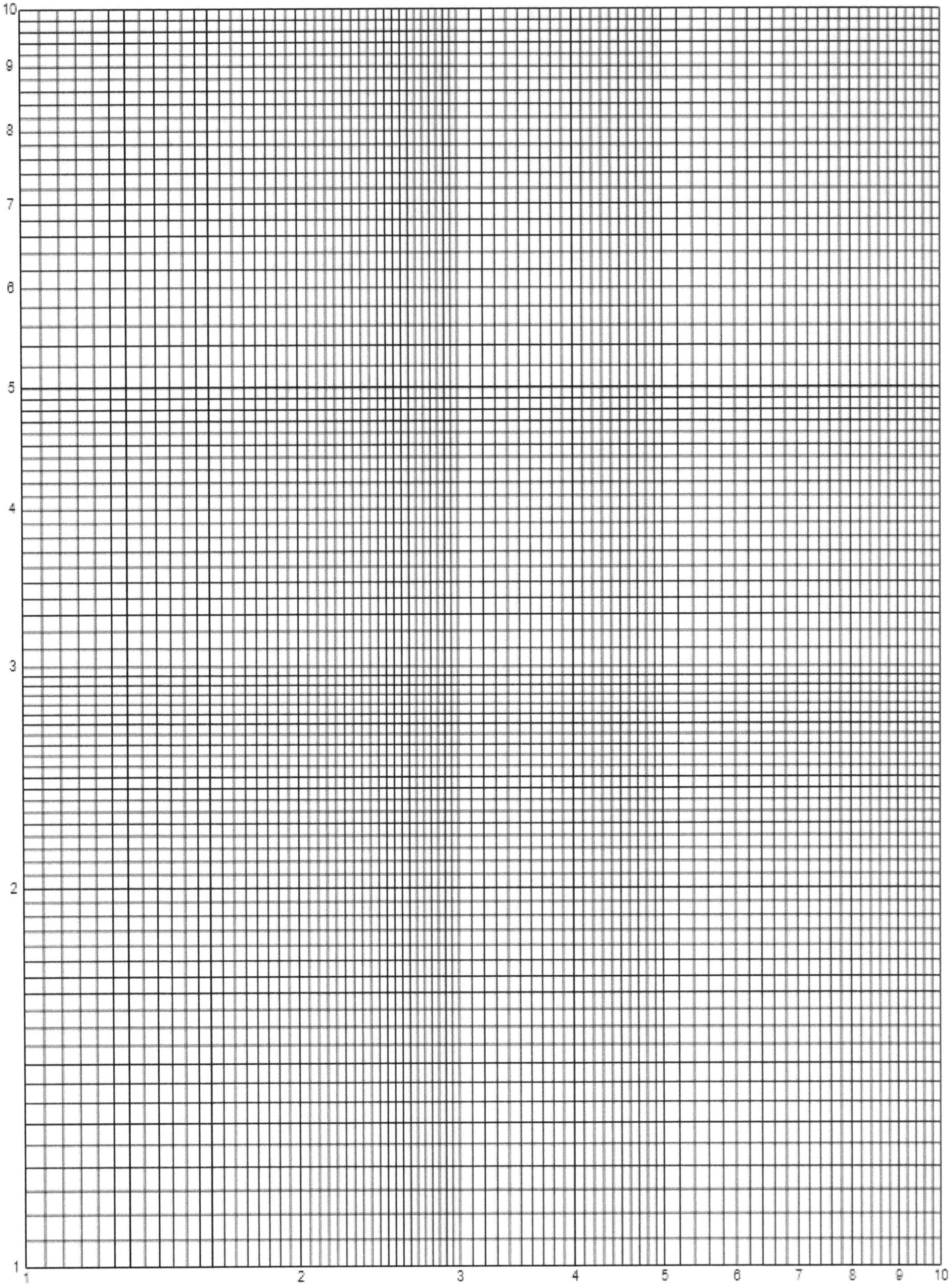
10
9
8
7
6
5
4
3
2
1
1
2
3
4
5
6
7
8
9
10

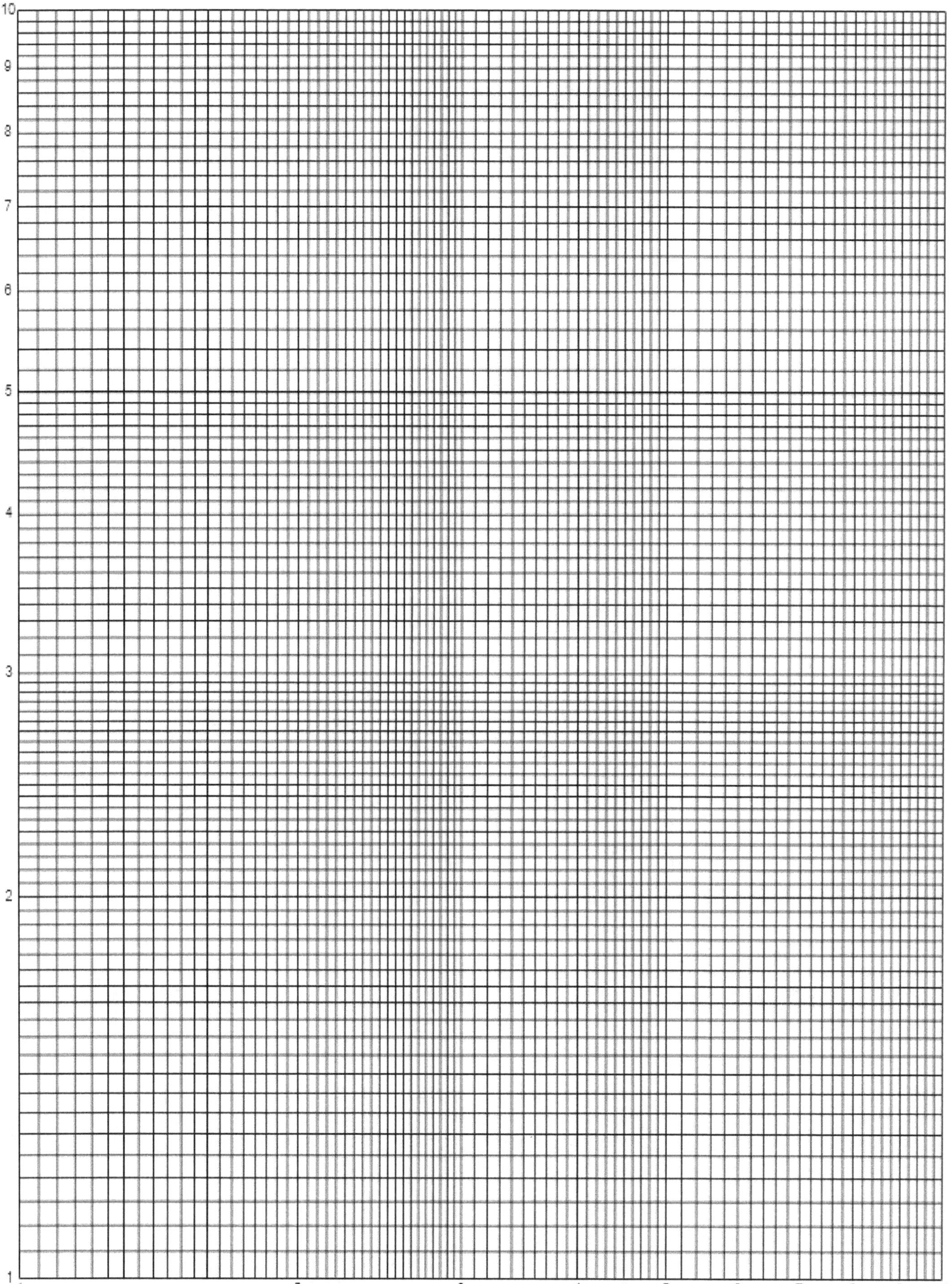
10
9
8
7
6
5
4
3
2
1
1
2
3
4
5
6
7
8
9
10

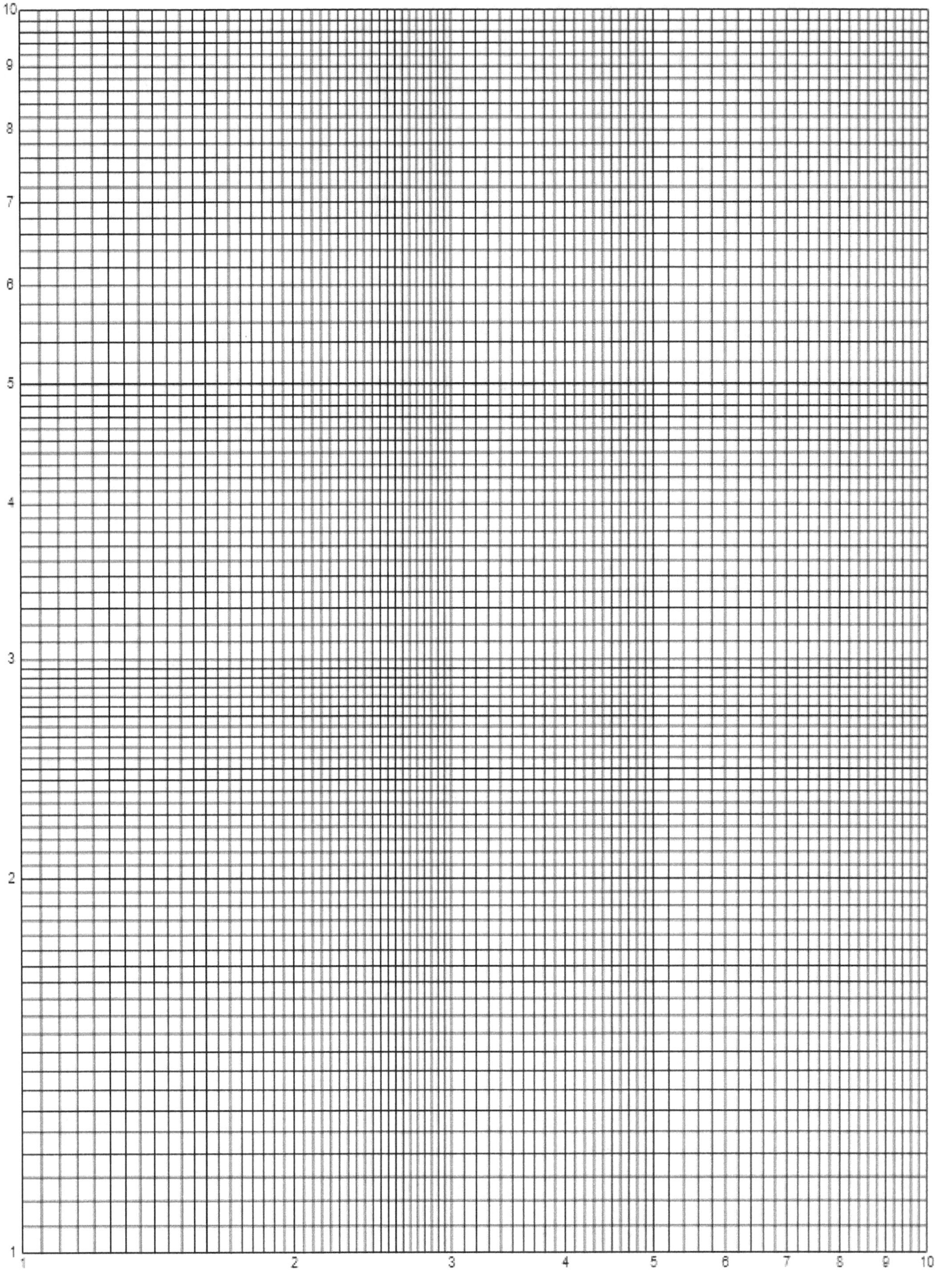
10
9
8
7
6
5
4
3
2
1
1
2
3
4
5
6
7
8
9
10

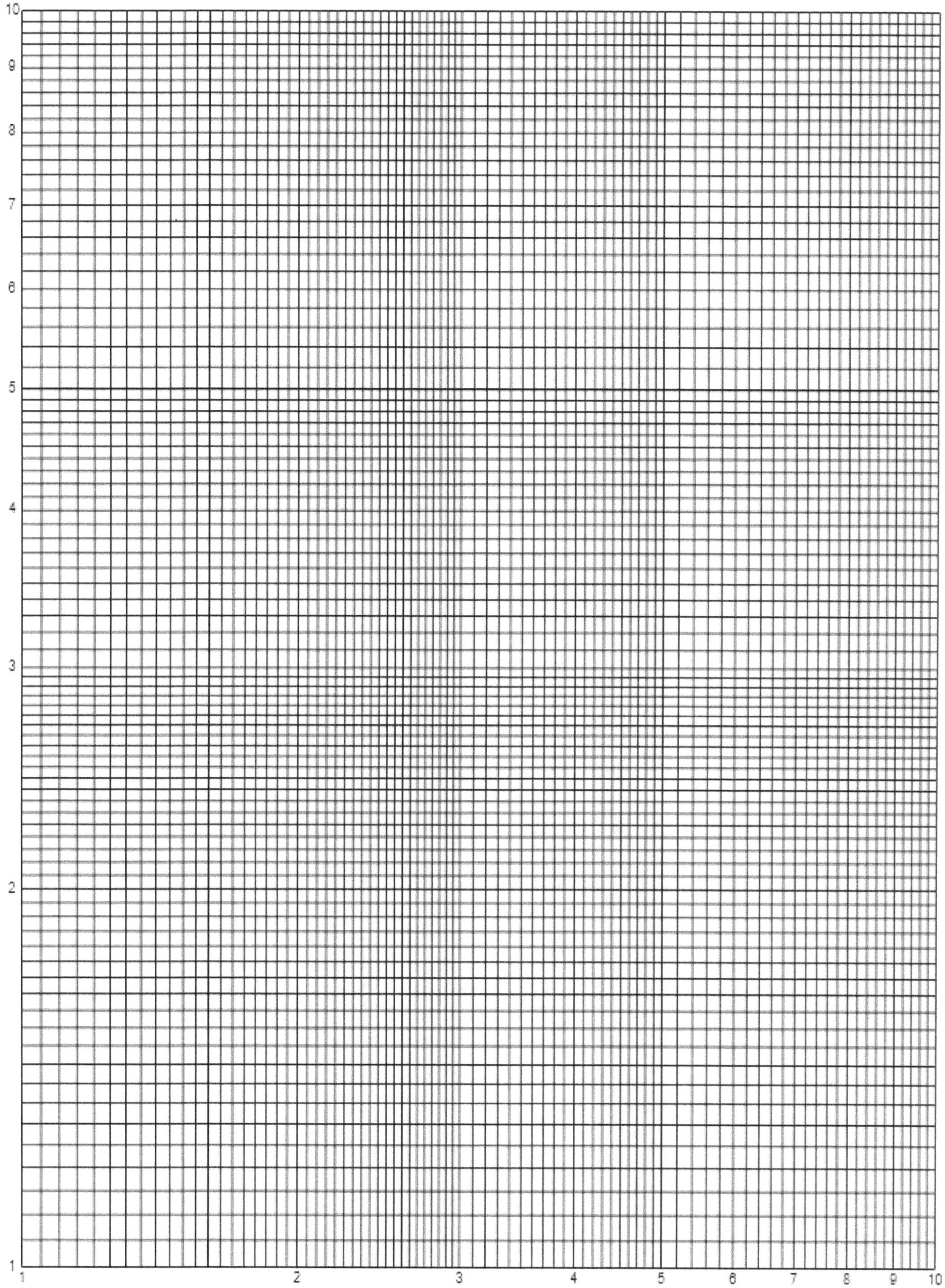
10
9
8
7
6
5
4
3
2
1
1
2
3
4
5
6
7
8
9
10

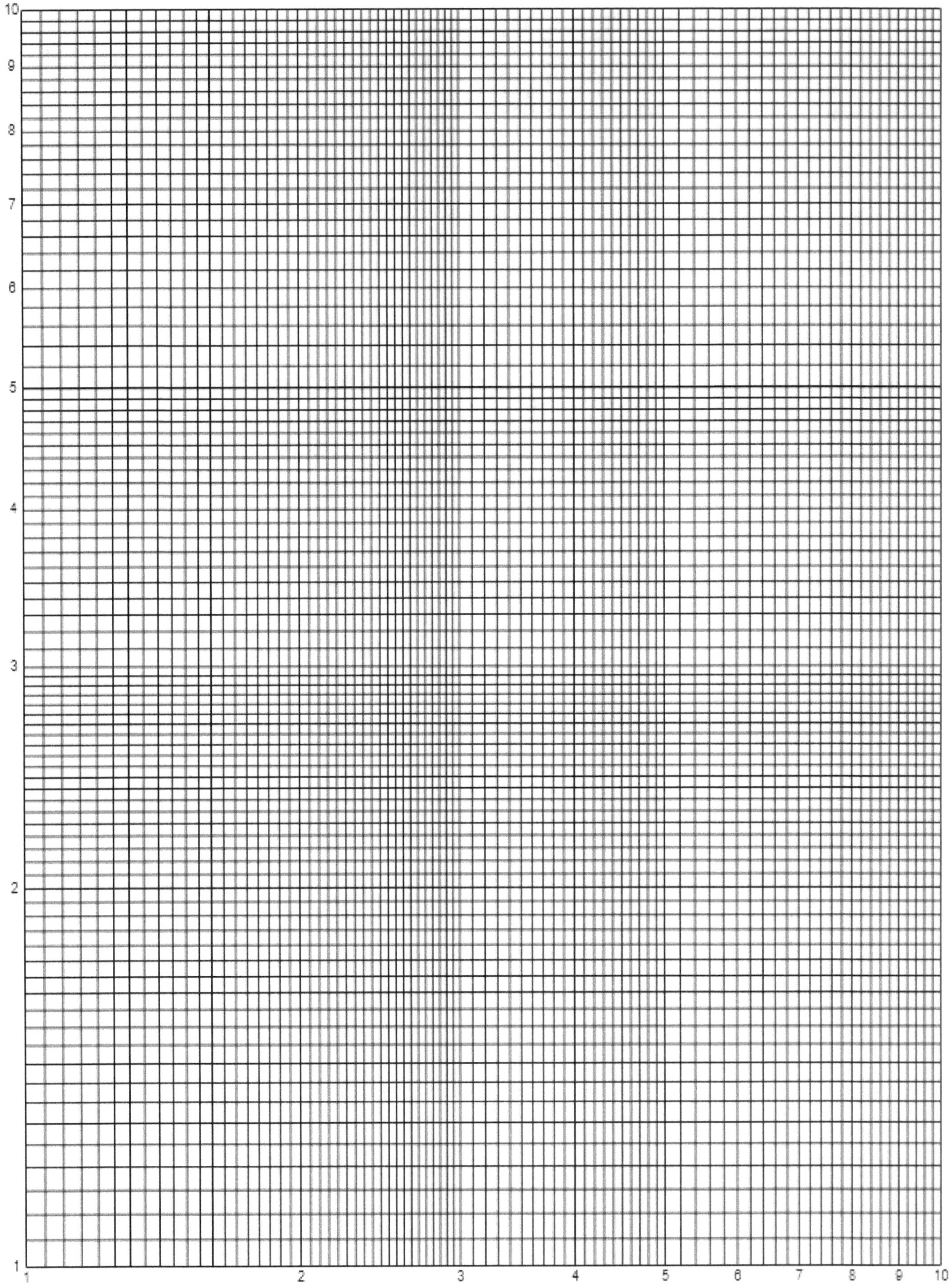
10
9
8
7
6
5
4
3
2
1
1
2
3
4
5
6
7
8
9
10

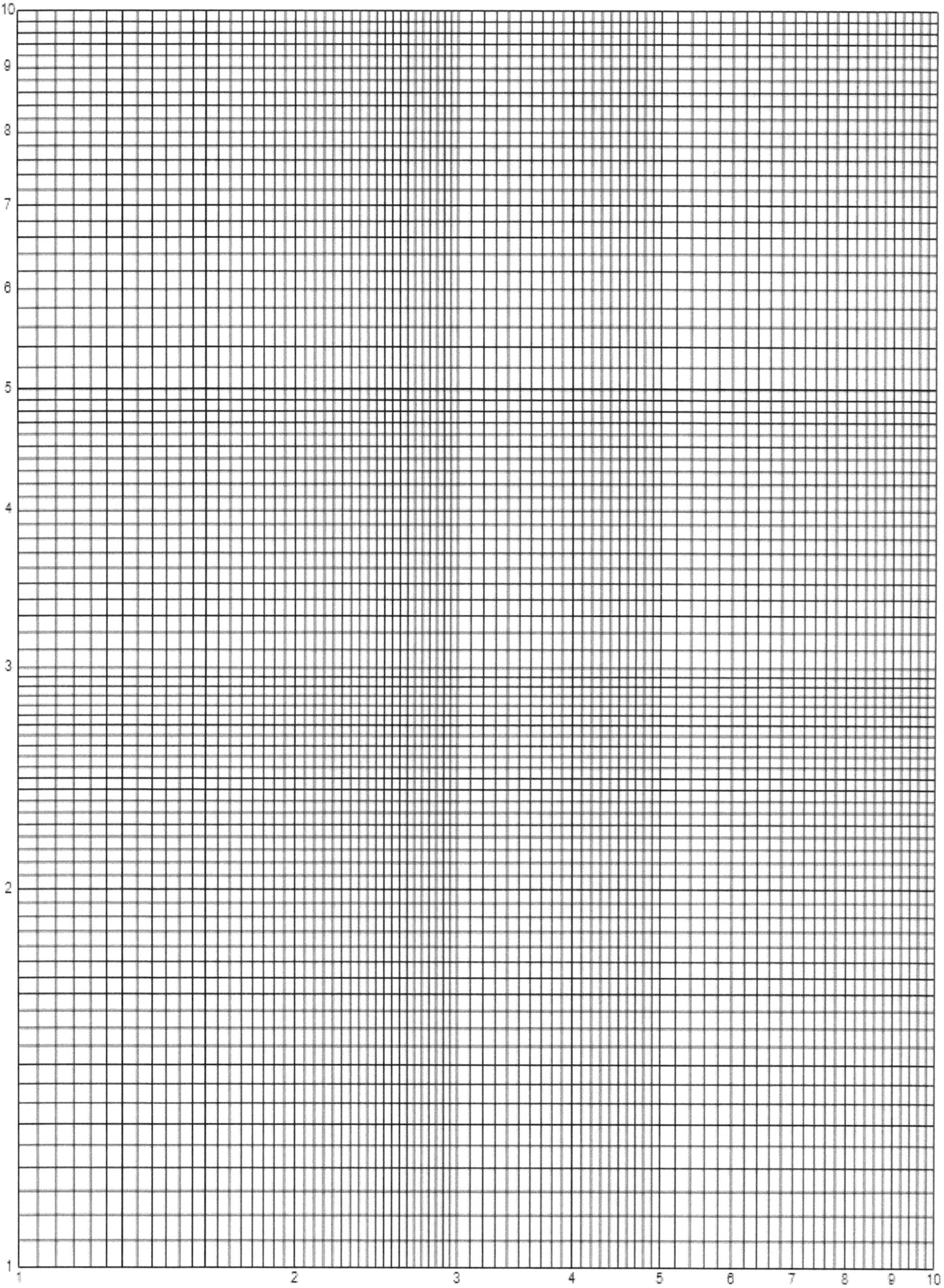

10
9
8
7
6
5
4
3
2
1
1
2
3
4
5
6
7
8
9
10

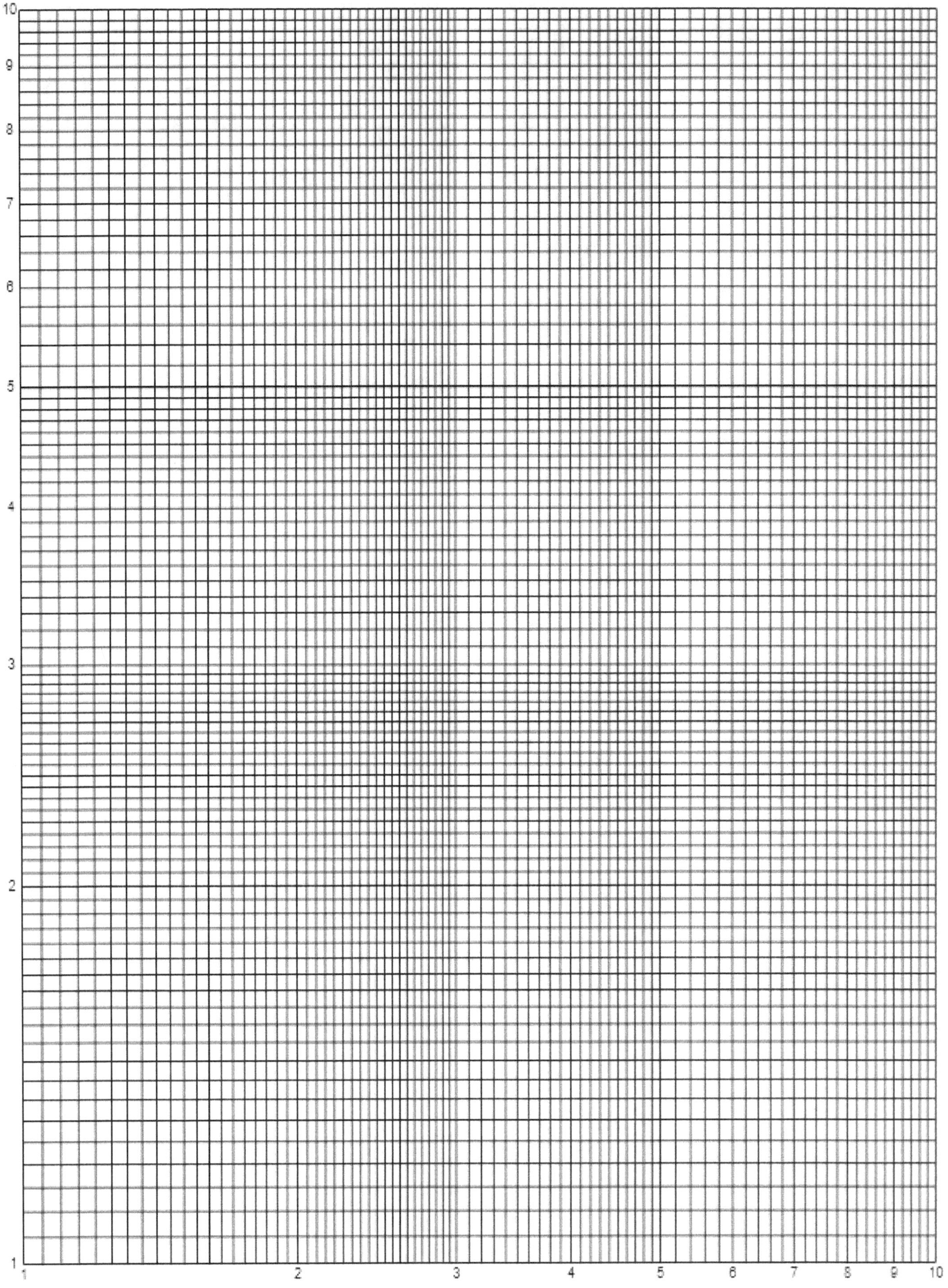
10
9
8
7
6
5
4
3
2
1
1
2
3
4
5
6
7
8
9
10

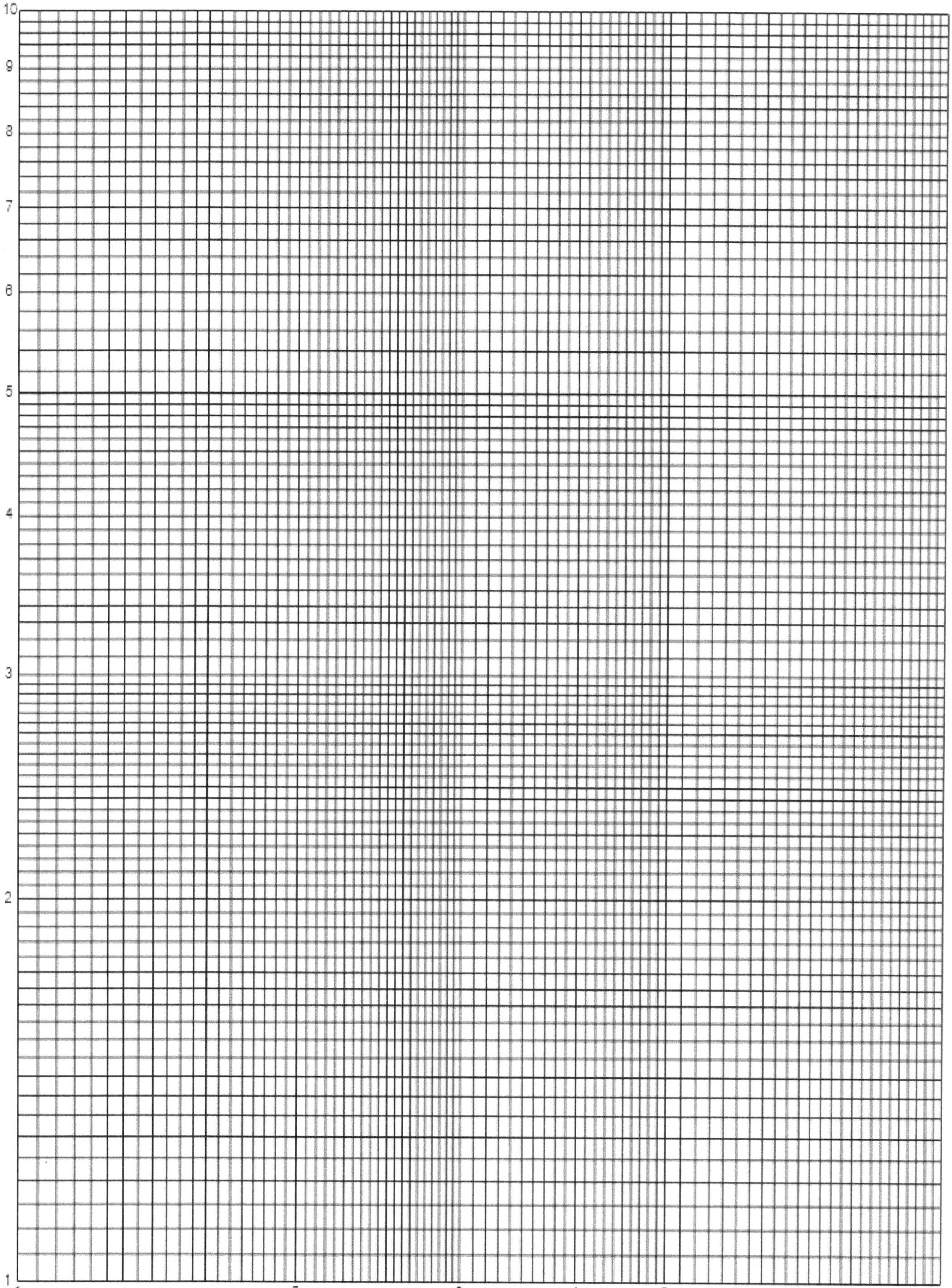
10
9
8
7
6
5
4
3
2
1
1
2
3
4
5
6
7
8
9
10

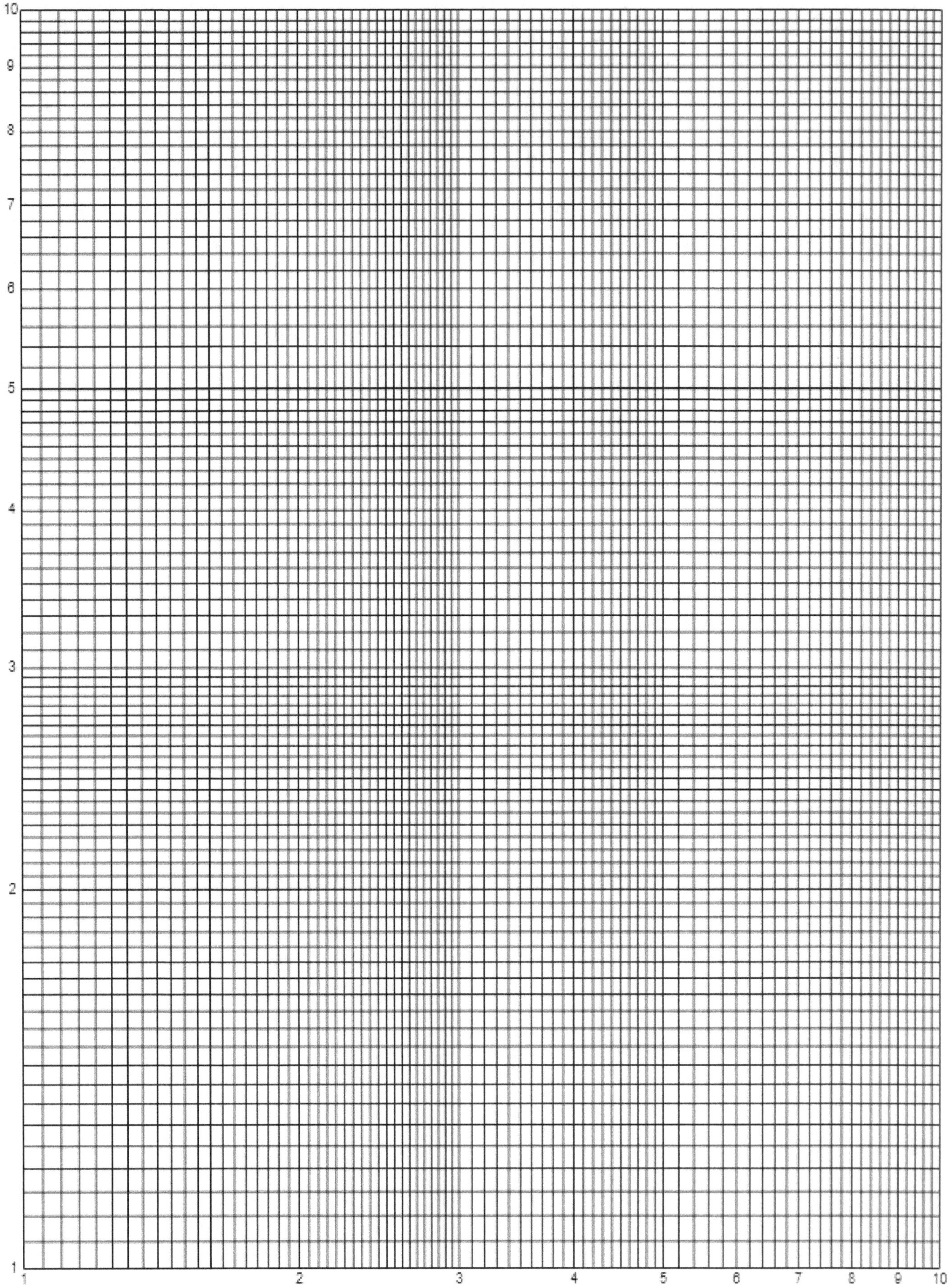
10
9
8
7
6
5
4
3
2
1
1
2
3
4
5
6
7
8
9
10

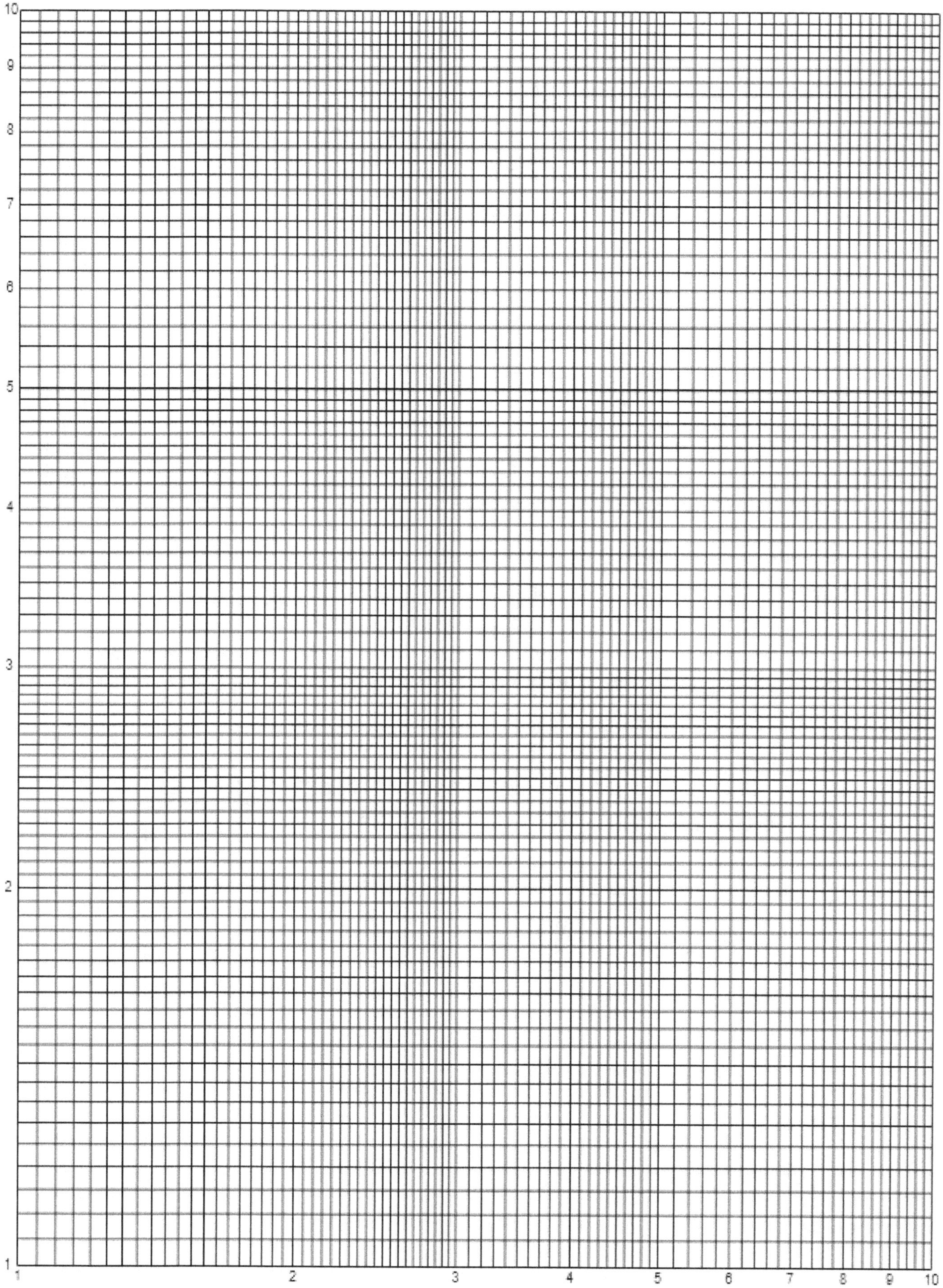
10
9
8
7
6
5
4
3
2
1
1
2
3
4
5
6
7
8
9
10

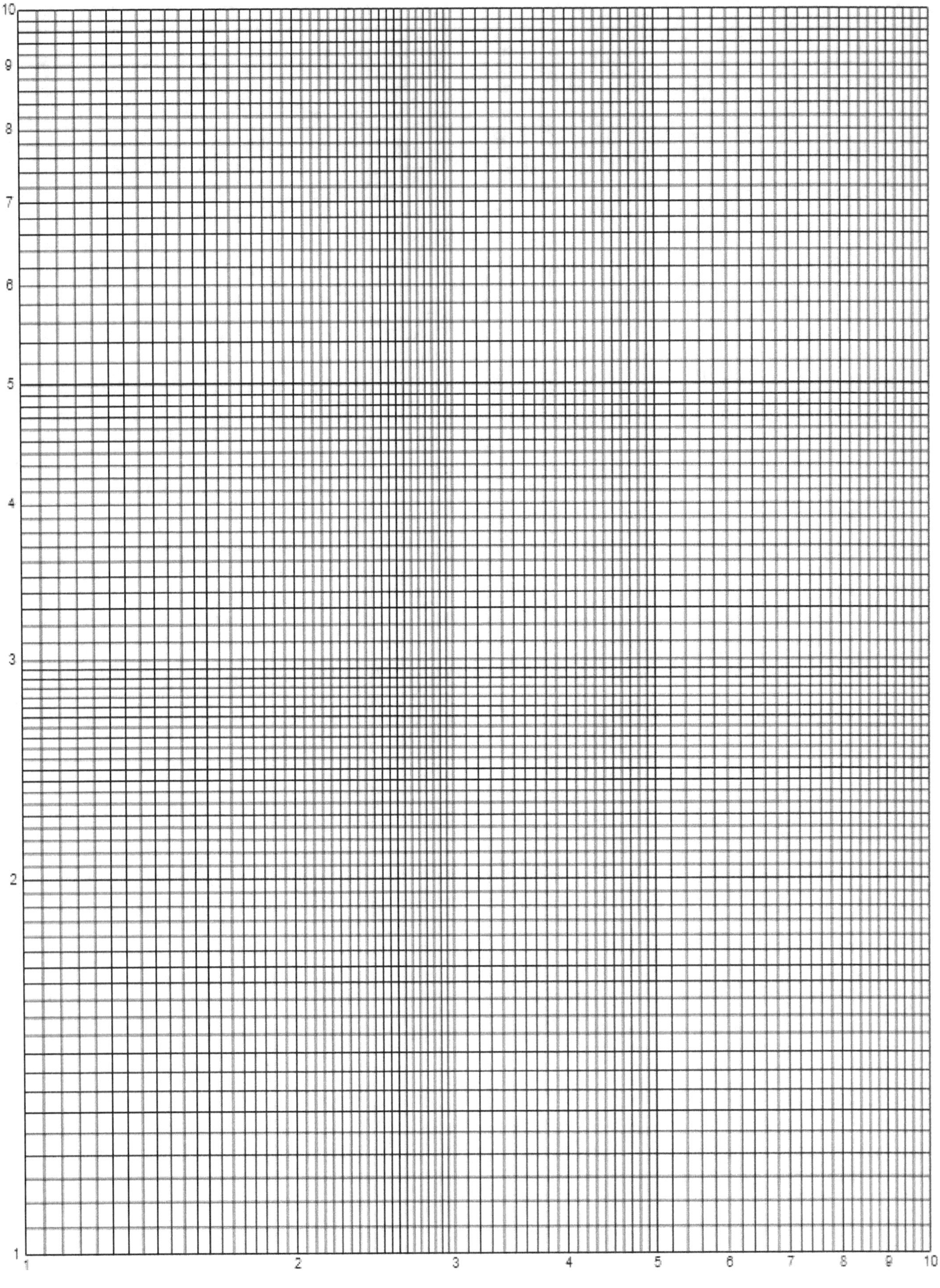
10
9
8
7
6
5
4
3
2
1
1
2
3
4
5
6
7
8
9
10

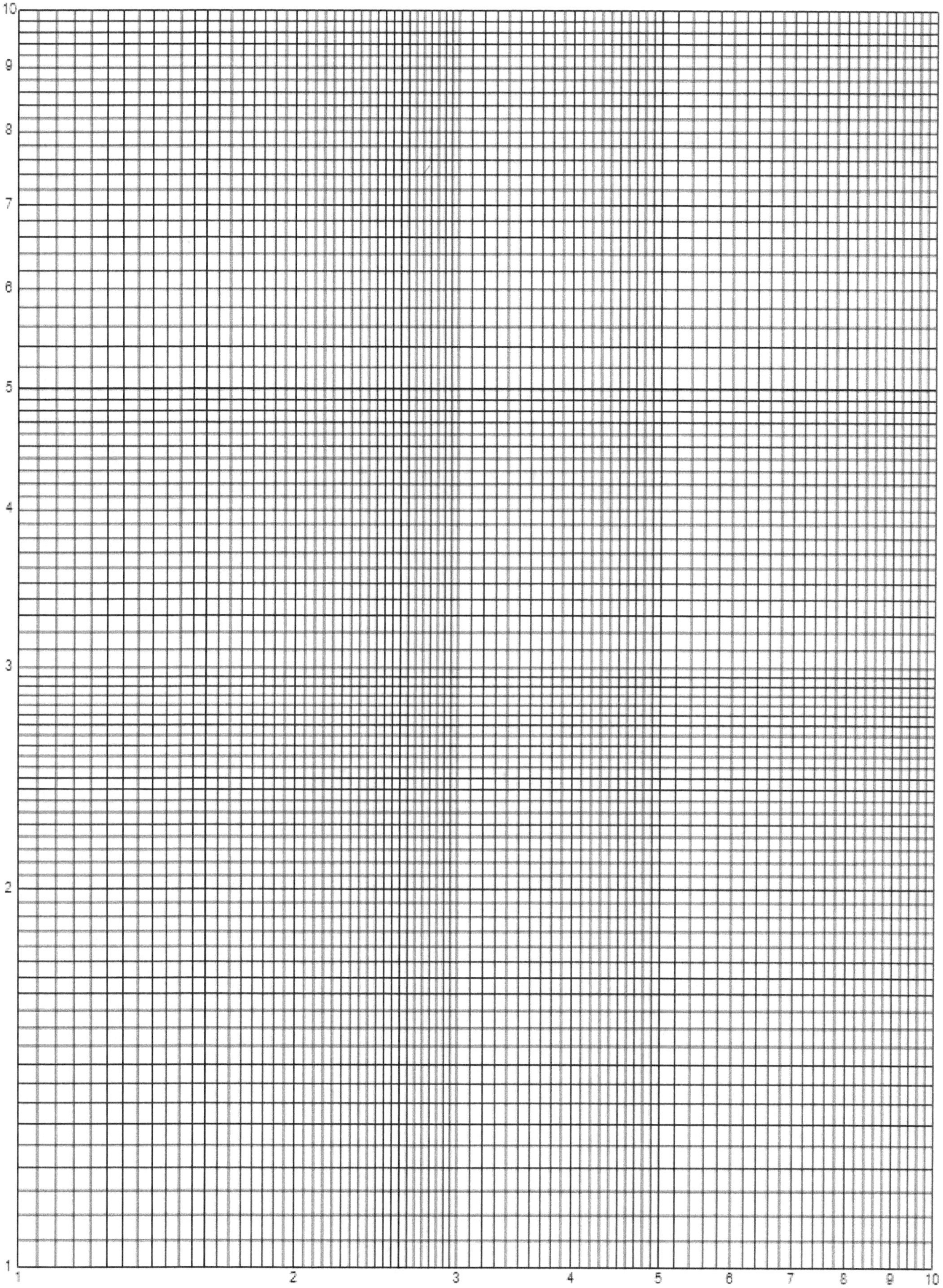
10
9
8
7
6
5
4
3
2
1
1
2
3
4
5
6
7
8
9
10

10
9
8
7
6
5
4
3
2
1
1
2
3
4
5
6
7
8
9
10

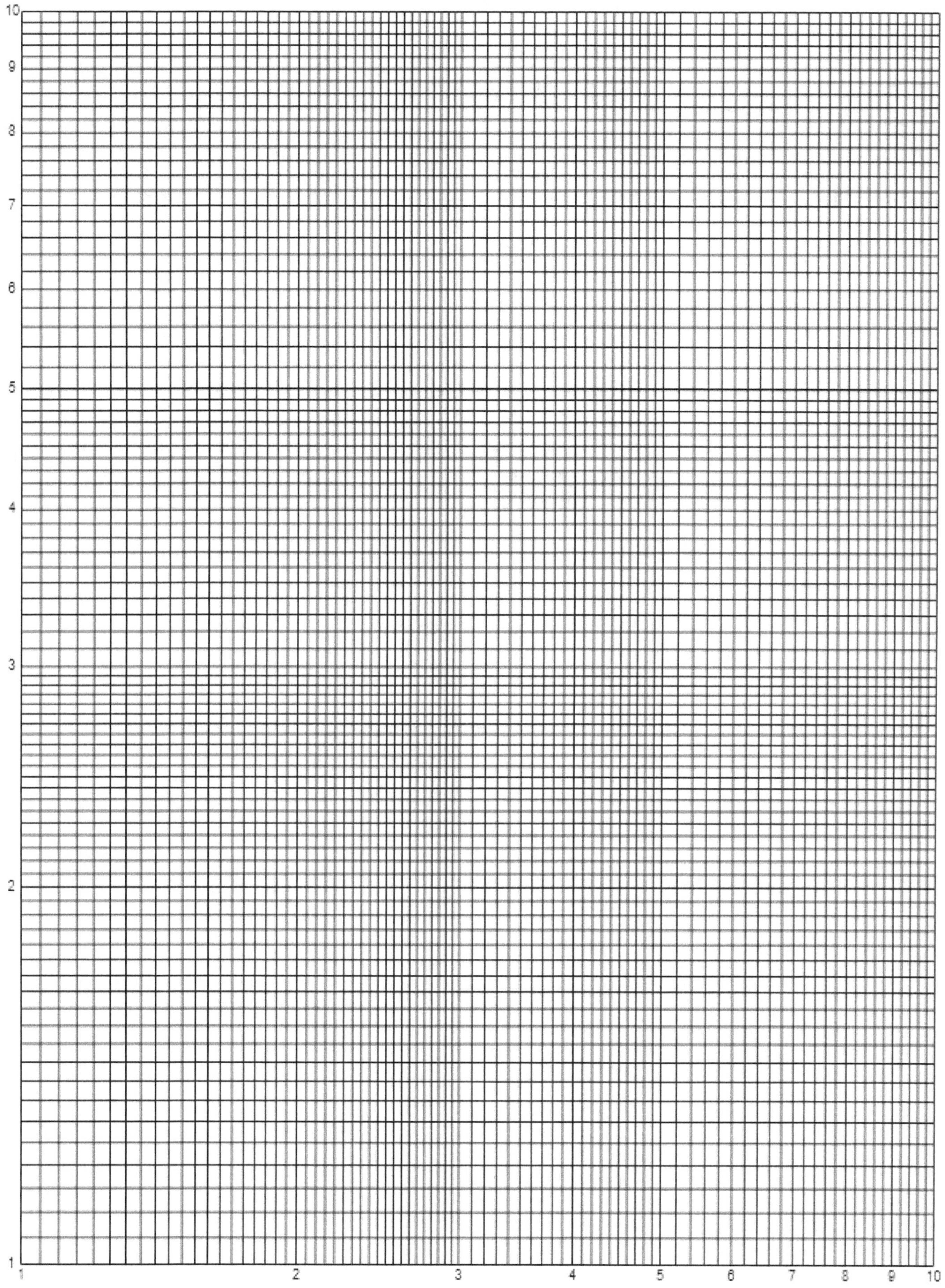
10
9
8
7
6
5
4
3
2
1
1
2
3
4
5
6
7
8
9
10

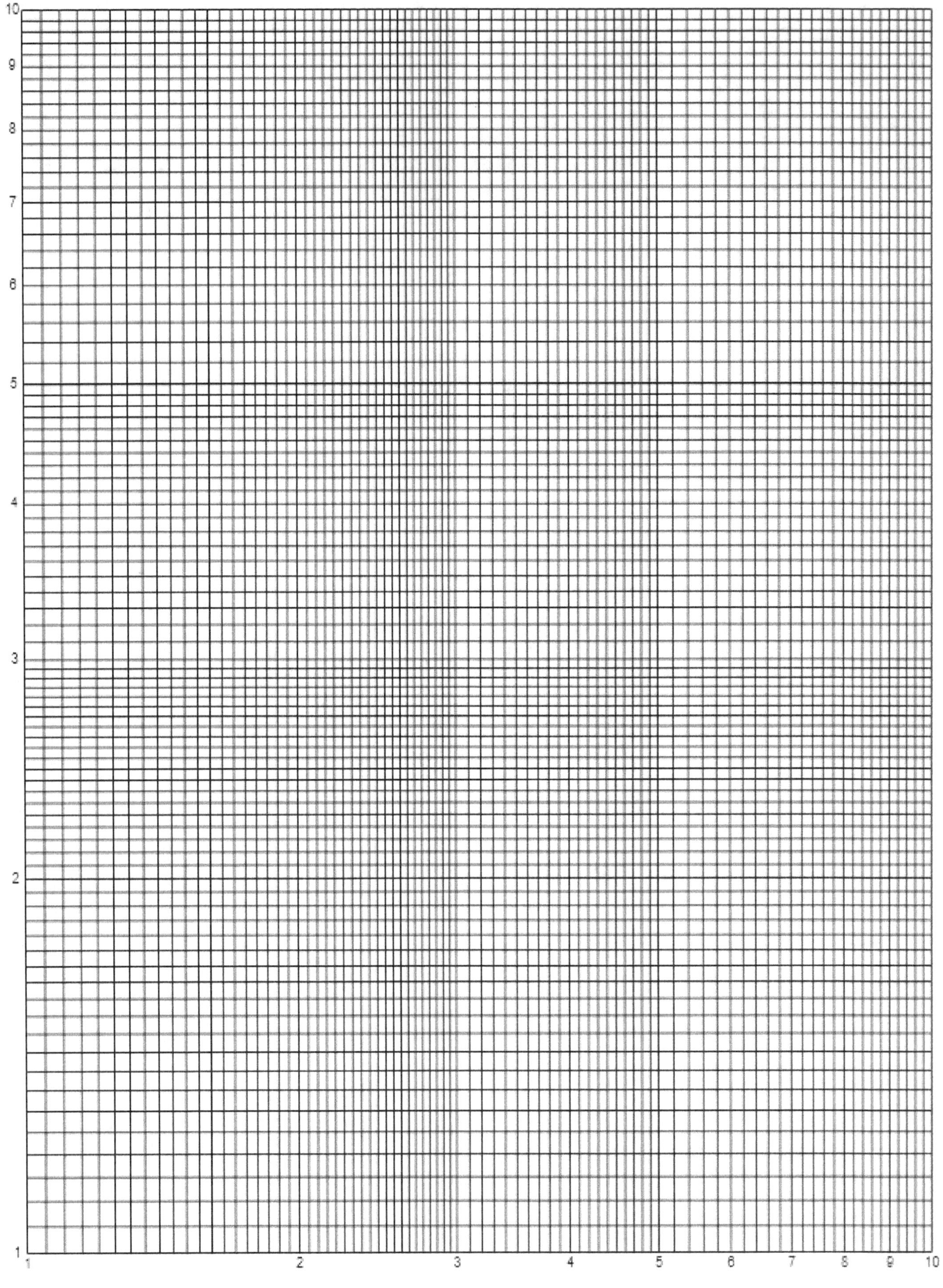
10
9
8
7
6
5
4
3
2
1
1
2
3
4
5
6
7
8
9
10

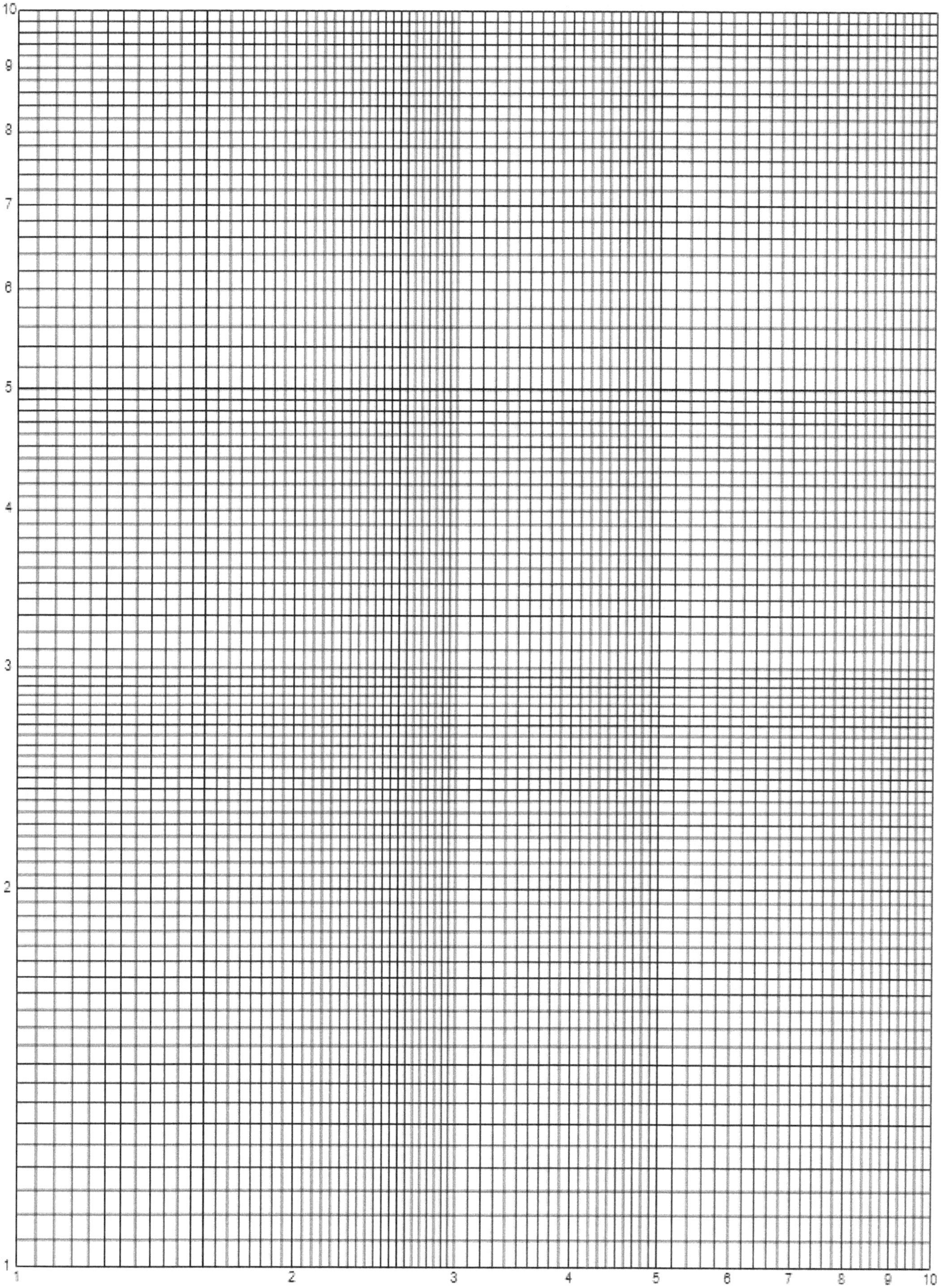
10
9
8
7
6
5
4
3
2
1
1
2
3
4
5
6
7
8
9
10

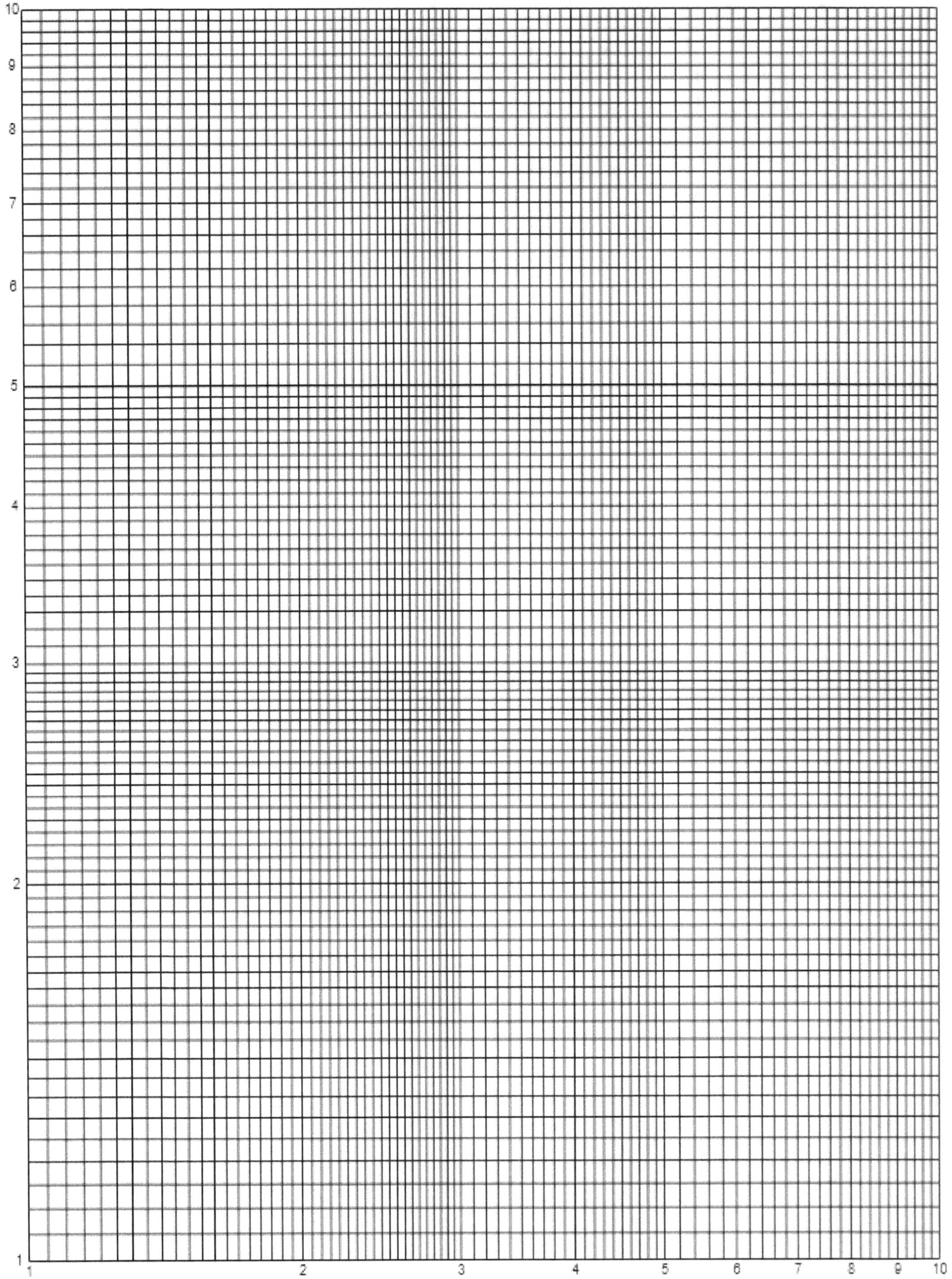
10
9
8
7
6
5
4
3
2
1
1
2
3
4
5
6
7
8
9
10

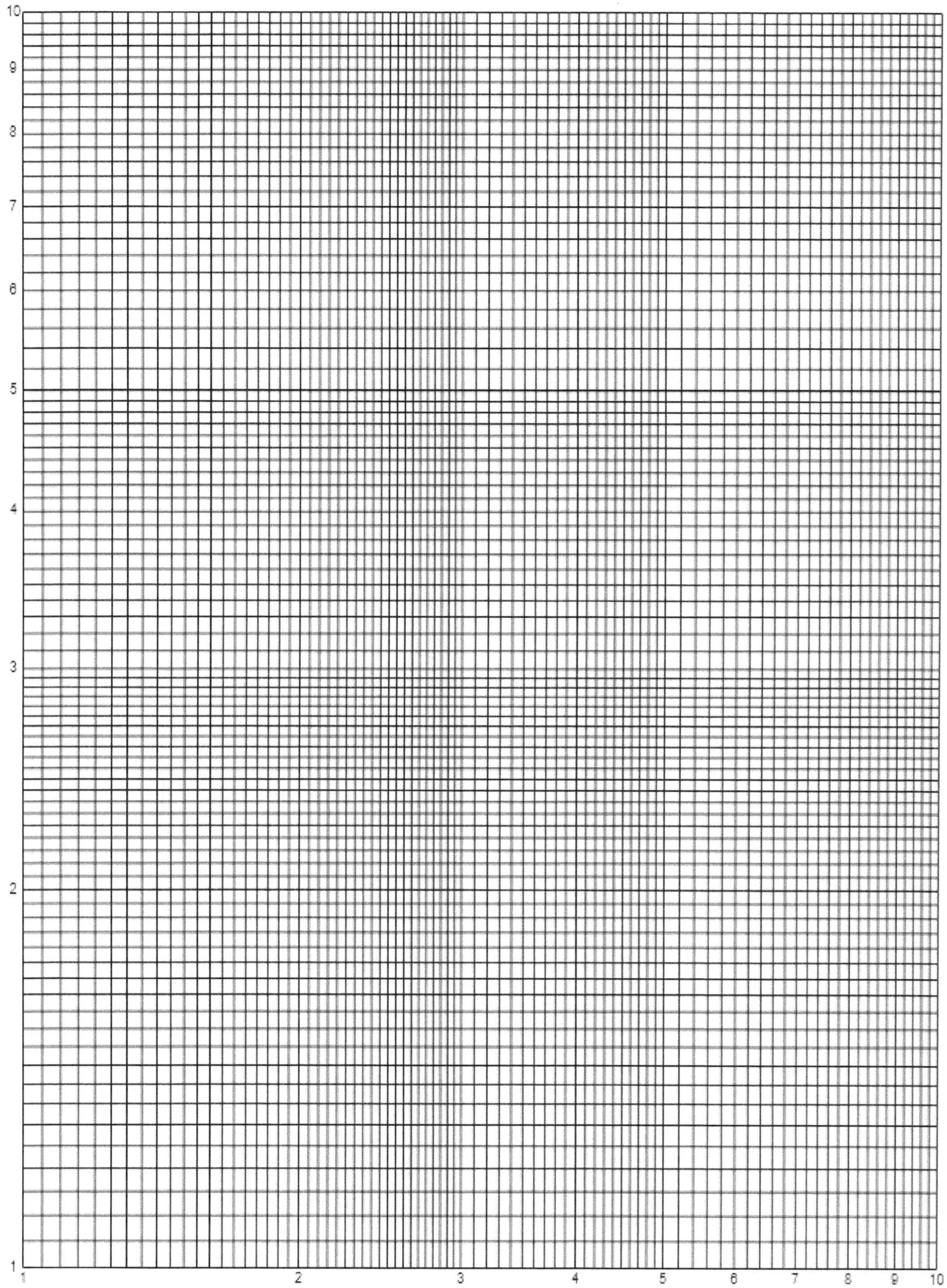
10
9
8
7
6
5
4
3
2
1
1
2
3
4
5
6
7
8
9
10

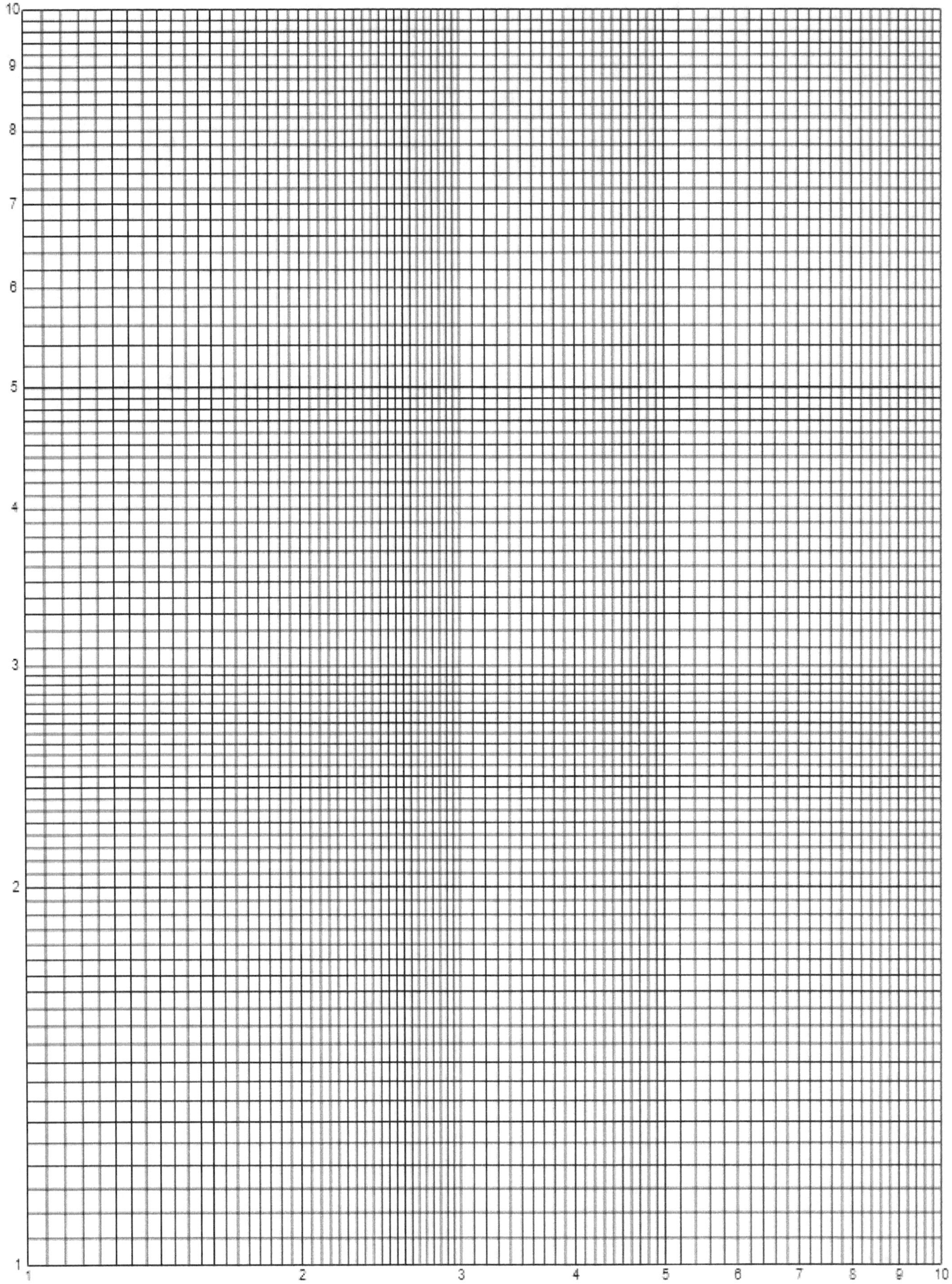
10
9
8
7
6
5
4
3
2
1
1
2
3
4
5
6
7
8
9
10

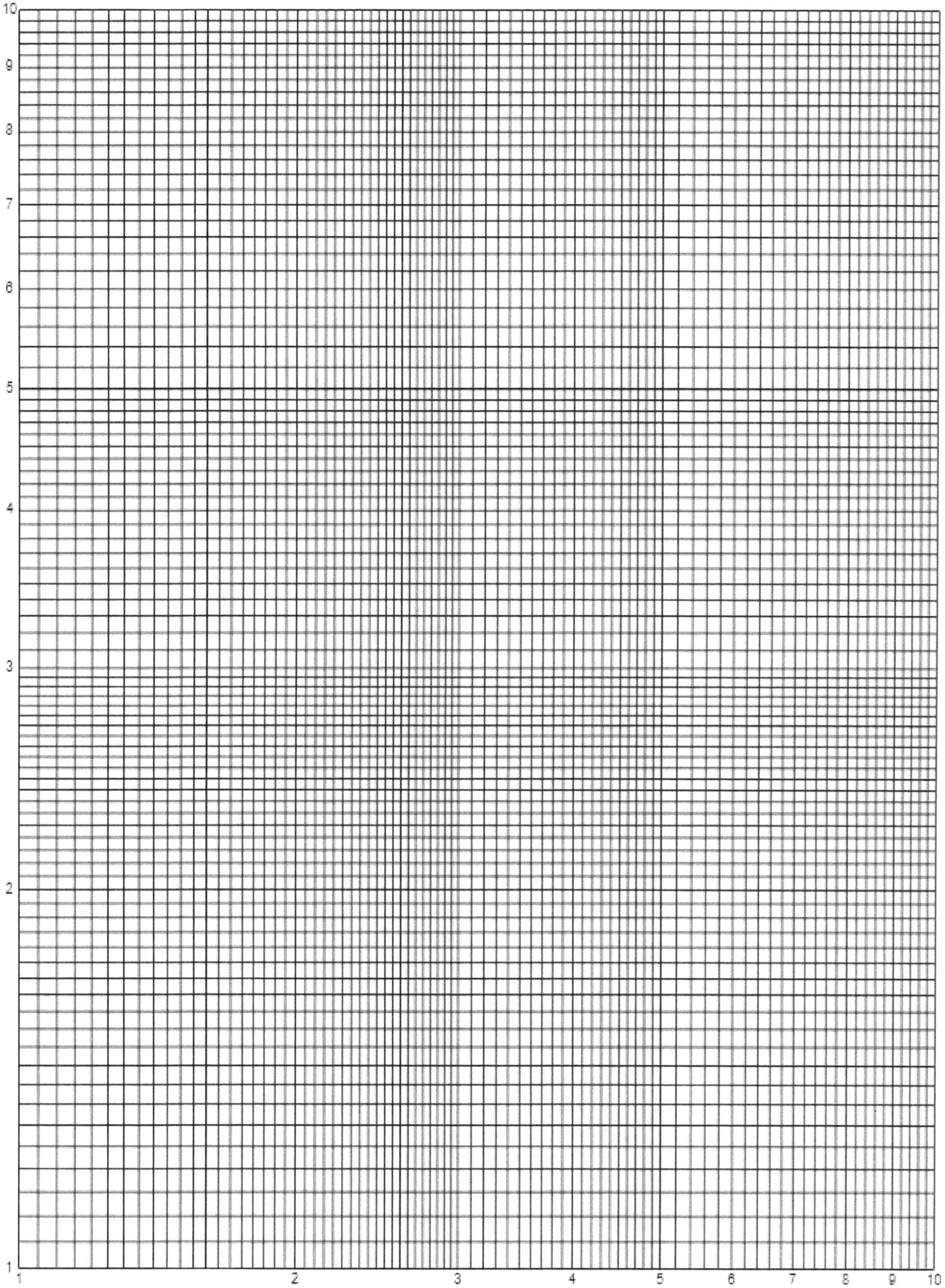
10
9
8
7
6
5
4
3
2
1
1
2
3
4
5
6
7
8
9
10

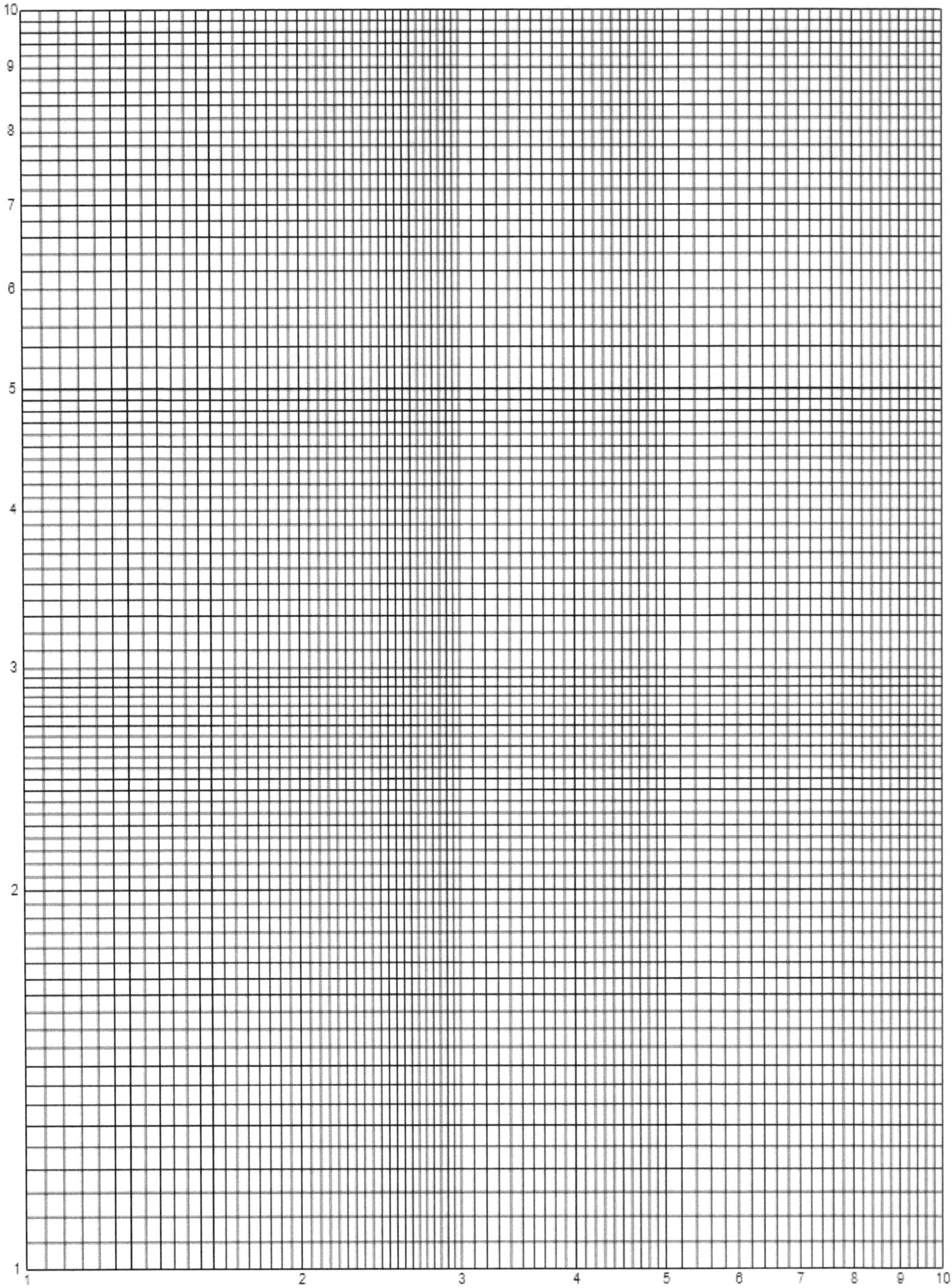
10
9
8
7
6
5
4
3
2
1
1
2
3
4
5
6
7
8
9
10

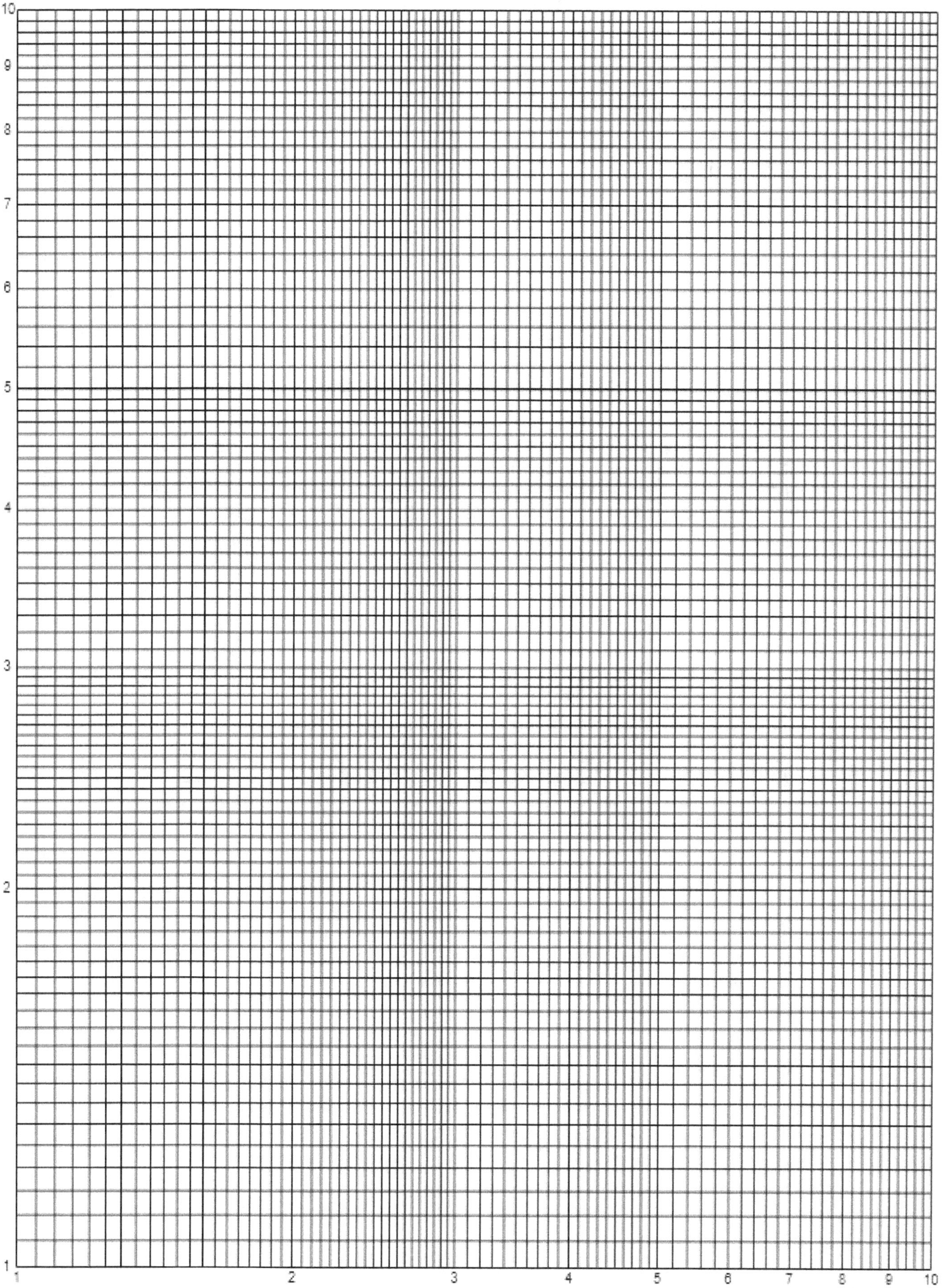
10
9
8
7
6
5
4
3
2
1
1
2
3
4
5
6
7
8
9
10

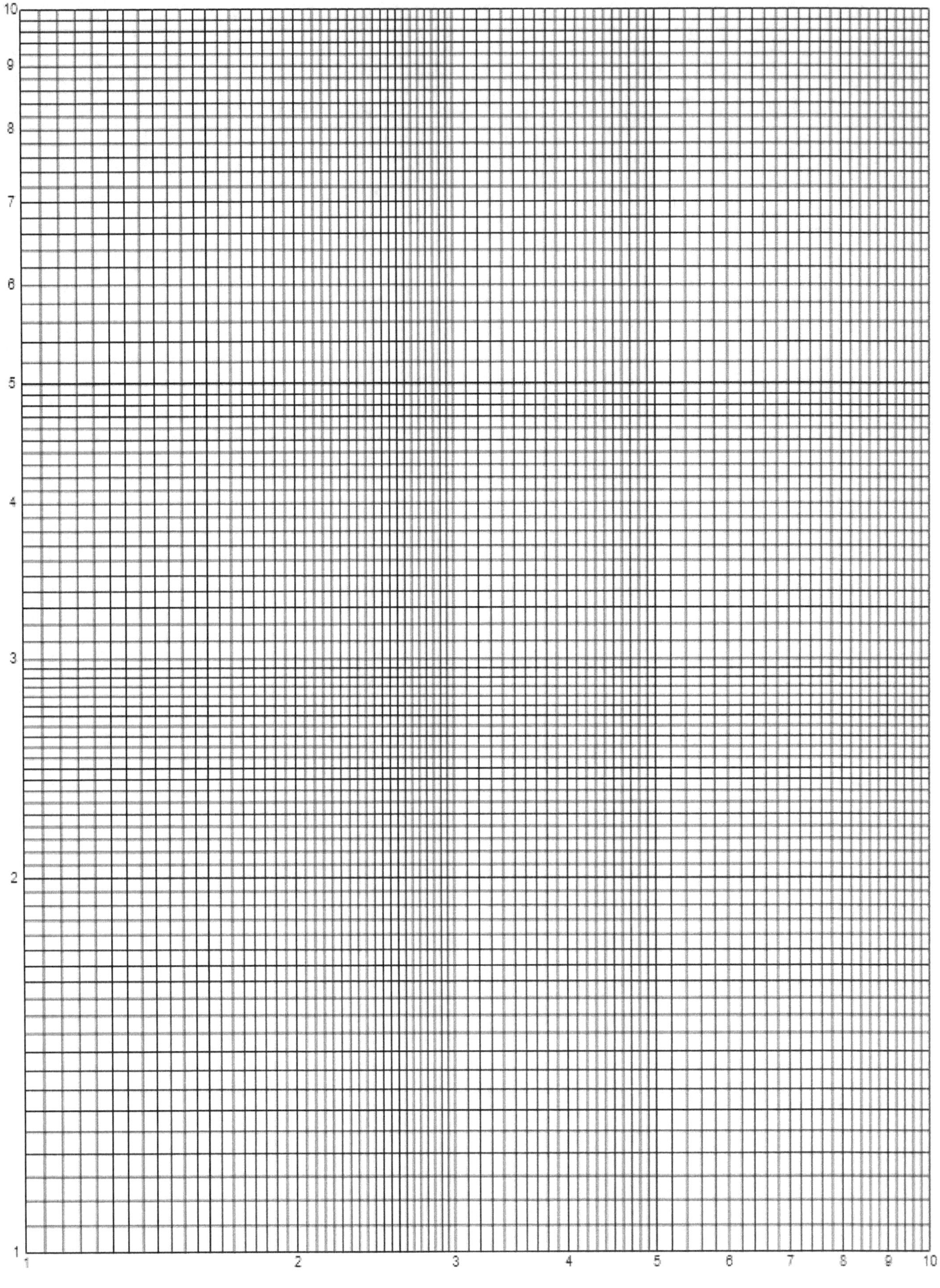
10
9
8
7
6
5
4
3
2
1
1
2
3
4
5
6
7
8
9
10

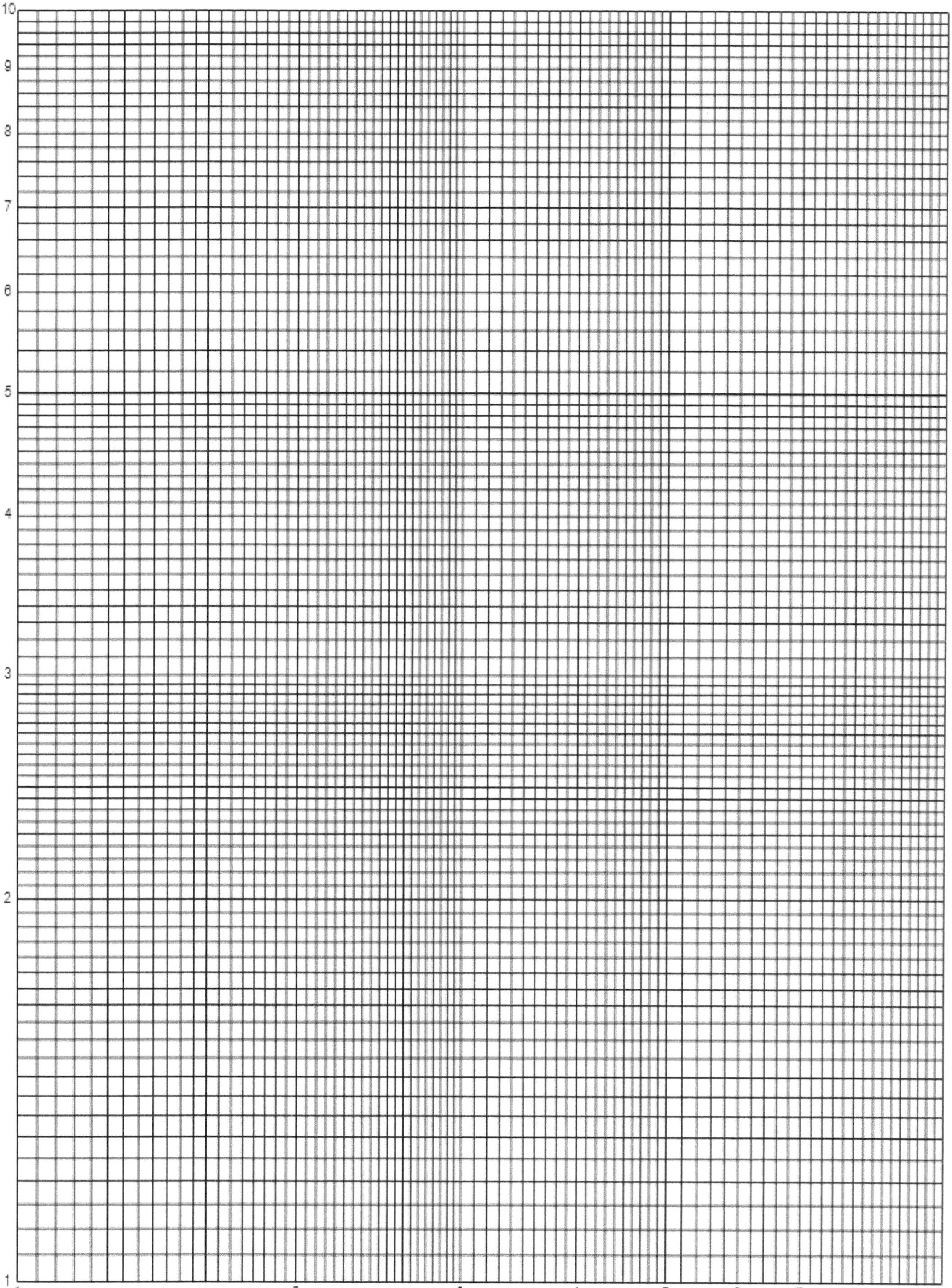
10
9
8
7
6
5
4
3
2
1
1
2
3
4
5
6
7
8
9
10

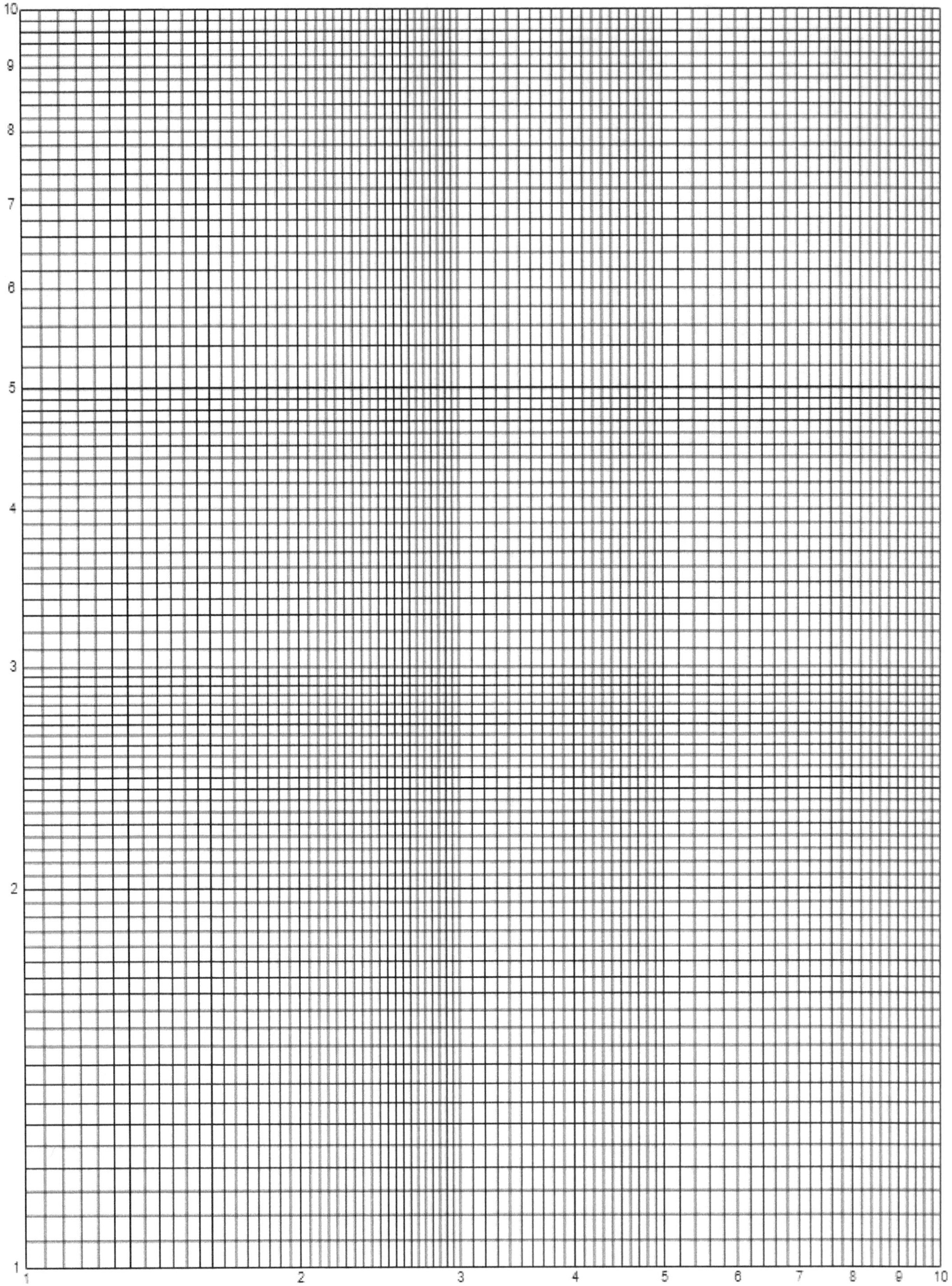
10
9
8
7
6
5
4
3
2
1
1
2
3
4
5
6
7
8
9
10

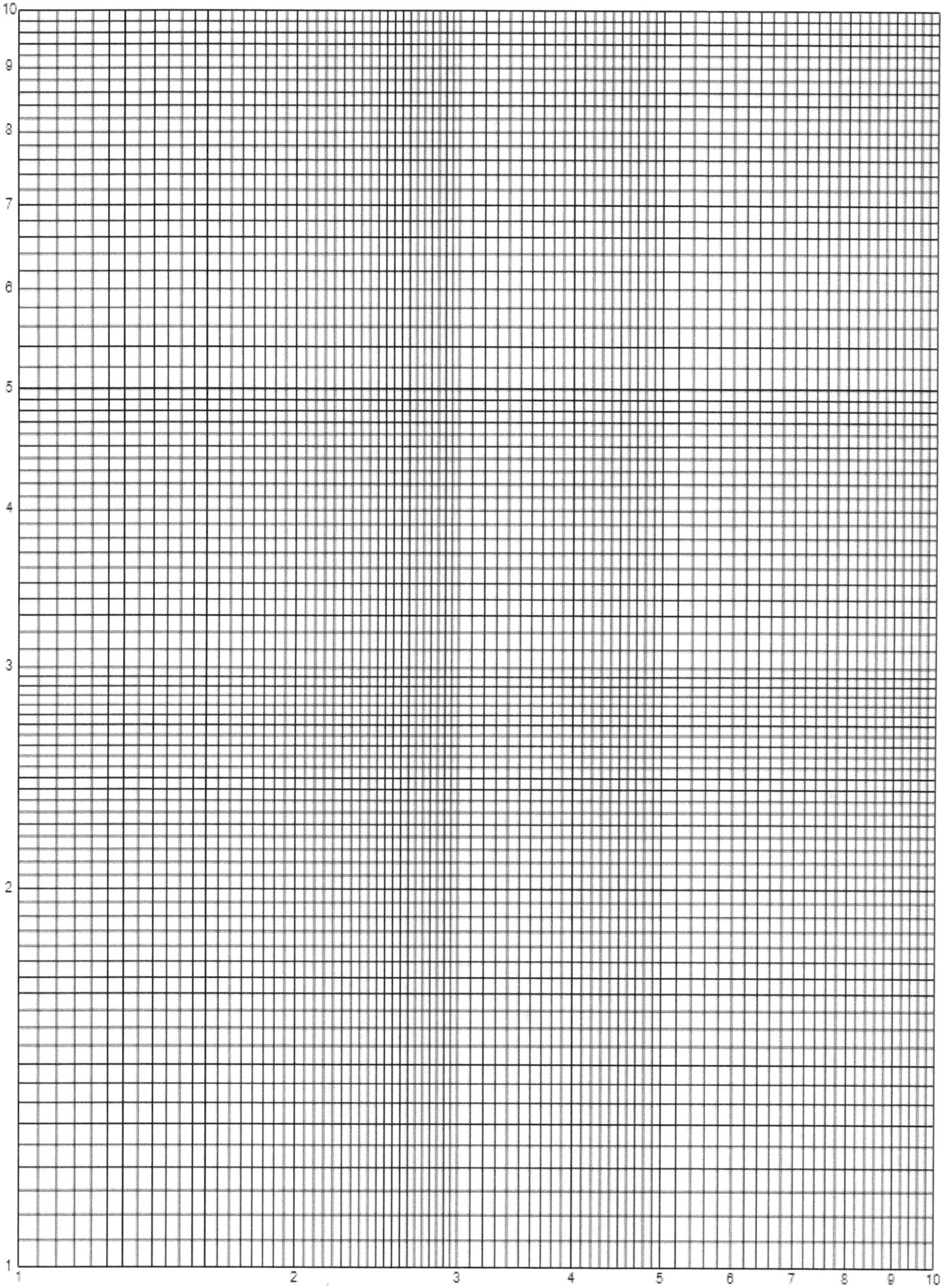
10
9
8
7
6
5
4
3
2
1
1
2
3
4
5
6
7
8
9
10

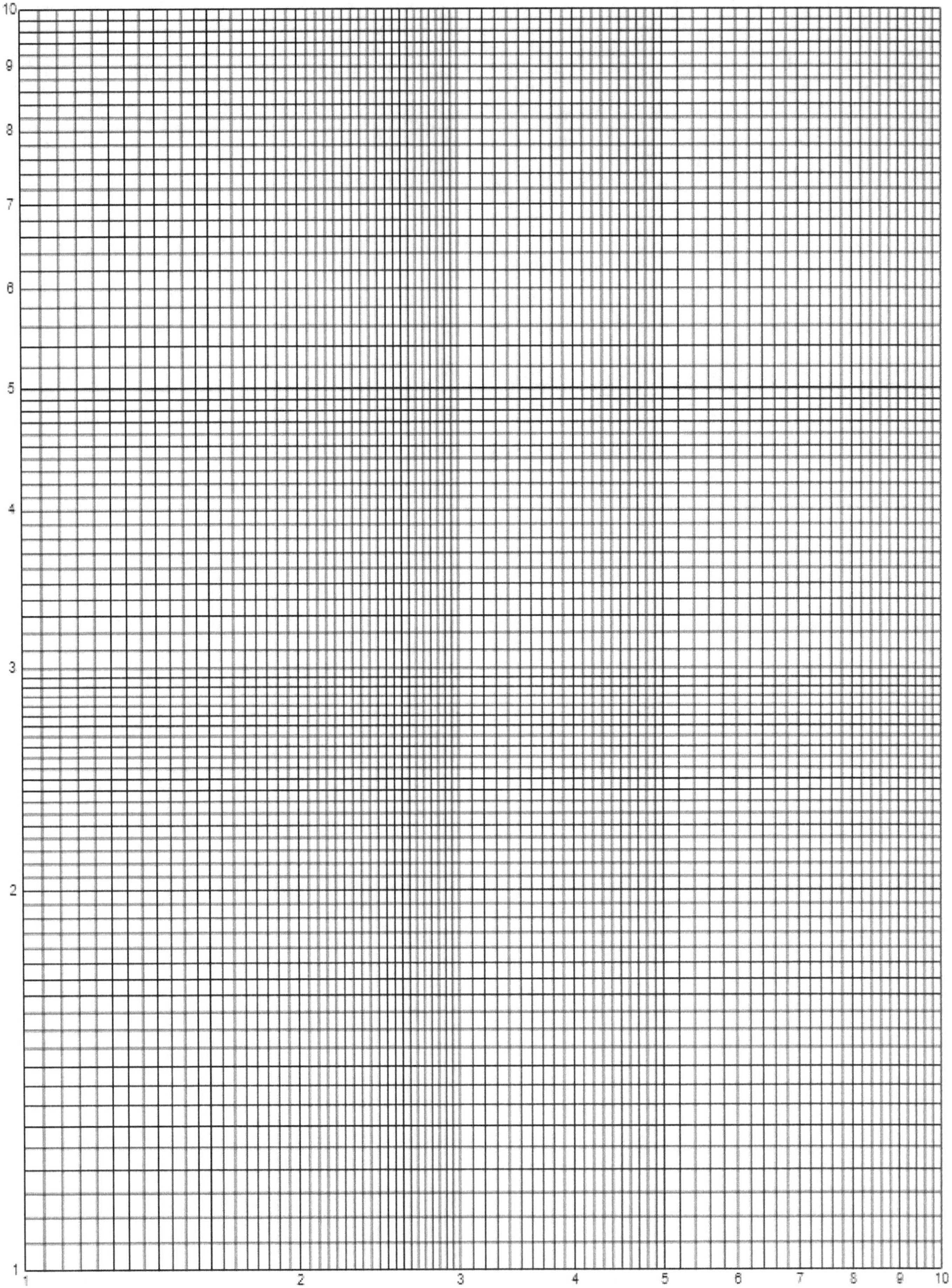
10
9
8
7
6
5
4
3
2
1
1
2
3
4
5
6
7
8
9
10

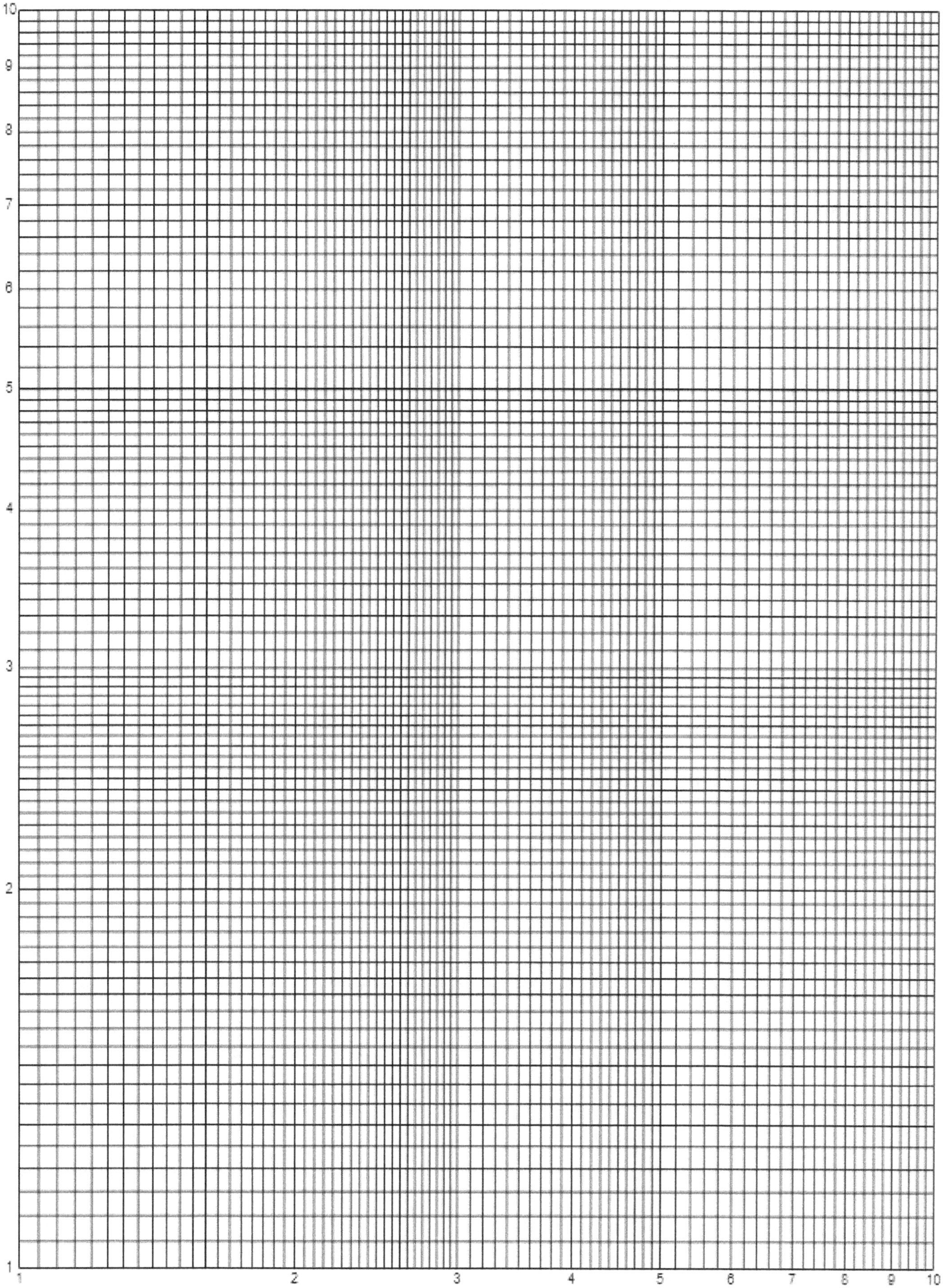
10
9
8
7
6
5
4
3
2
1
1
2
3
4
5
6
7
8
9
10

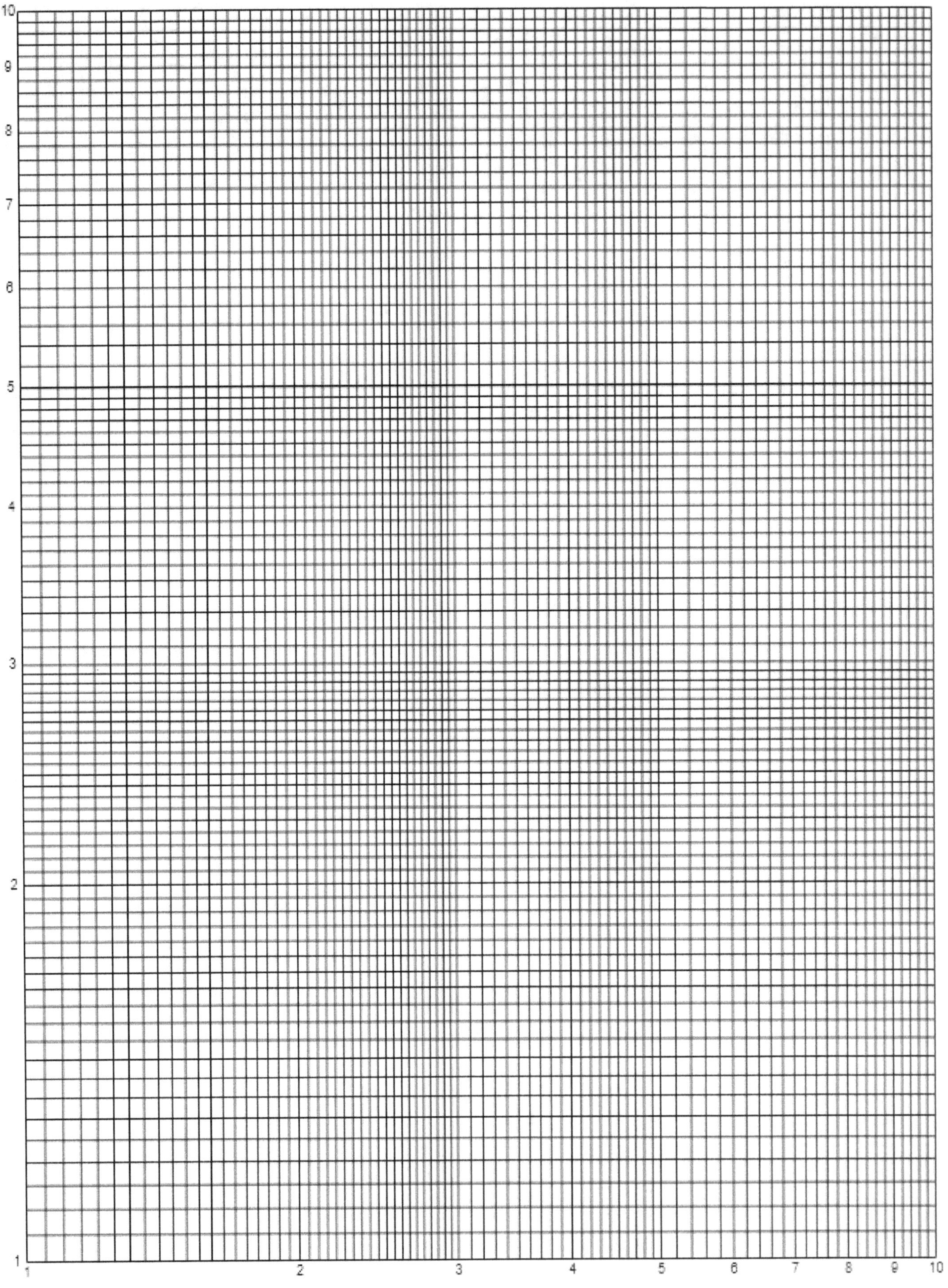
10
9
8
7
6
5
4
3
2
1
1
2
3
4
5
6
7
8
9
10

www.ingramcontent.com/pod-product-compliance
Lightning Source LLC
Chambersburg PA
CBHW081445220526
45466CB00008B/2513
* 9 7 8 1 6 5 2 7 0 8 8 3 4 *